essentials

Essentials liefern aktuelles Wissen in konzentrierter Form. Die Essenz dessen, worauf es als „State-of-the-Art" in der gegenwärtigen Fachdiskussion oder in der Praxis ankommt. Essentials informieren schnell, unkompliziert und verständlich

- als Einführung in ein aktuelles Thema aus Ihrem Fachgebiet
- als Einstieg in ein für Sie noch unbekanntes Themenfeld
- als Einblick, um zum Thema mitreden zu können.

Die Bücher in elektronischer und gedruckter Form bringen das Expertenwissen von Springer-Fachautoren kompakt zur Darstellung. Sie sind besonders für die Nutzung als eBook auf Tablet-PCs, eBook-Readern und Smartphones geeignet.

Essentials: Wissensbausteine aus Wirtschaft und Gesellschaft, Medizin, Psychologie und Gesundheitsberufen, Technik und Naturwissenschaften. Von renommierten Autoren der Verlagsmarken Springer Gabler, Springer VS, Springer Medizin, Springer Spektrum, Springer Vieweg und Springer Psychologie.

Jörg Wauer

Dynamik verteilter Mehrfeldsysteme

Oberflächen- und Volumenkopplung

Jörg Wauer
KIT Karlsruher Institut für Technologie
Karlsruhe
Deutschland

ISSN 2197-6708   ISSN 2197-6716 (electronic)
ISBN 978-3-658-05690-2   ISBN 978-3-658-05691-9 (eBook)
DOI 10.1007/978-3-658-05691-9

Die Deutsche Nationalbibliothek verzeichnet diese Publikation in der Deutschen Nationalbiblio-
grafie; detaillierte bibliografische Daten sind im Internet über http://dnb.d-nb.de abrufbar.

Springer Vieweg
© Springer Fachmedien Wiesbaden 2014

Gedruckt auf säurefreiem und chlorfrei gebleichtem Papier

Springer Vieweg ist eine Marke von Springer DE. Springer DE ist Teil der Fachverlagsgruppe
Springer Science+Business Media
www.springer-vieweg.de

*Meinen Kindern und Enkelkindern
gewidmet.*

Was Sie in diesem Essential finden können

- Eine Einführung für fortgeschrittene Studierende der Ingenieurwissenschaften sowie Forschungs- und Entwicklungsingenieure in die Dynamik von Mehrfeldsystemen mit verteilten Parametern
- Die Untersuchung von Mehrfeldsystemen mit Oberflächenkopplung mit Fluid–Festkörperwechselwirkung als Prototyp
- Die Behandlung von Mehrfeldsystemen mit Volumenkopplung mit thermoelastischen Koppelschwingungen sowie der Dynamik von piezoelektrischen und magnetoelastischen Systemen als Hauptvertreter
- Freie und erzwungene Schwingungen einschließlich nichtlinearer Effekte

Vorwort

Die gegenüber Systemen mit *konzentrierten* Parametern *feinere* Modellierung in Form von Systemen mit *verteilten* Parametern, die durch partielle Differenzialgleichungen mit Rand- und Anfangsbedingungen charakterisiert sind, ist für Studierende in Masterstudiengängen des Ingenieurwesens, aber auch für praktisch arbeitende Ingenieure in Forschung und Entwicklung ein wichtiges und etabliertes Fachgebiet der Technischen Mechanik.

Ein aktuelles und immer bedeutsamer werdendes Teilgebiet darin ist die Dynamik verteilter Mehrfeldsysteme, das in Lehrbüchern über Kontinuumsschwingungen bisher kaum behandelt wird. Allein das Buch „Kontinuumsschwingungen: Vom einfachen Strukturmodell zum komplexen Mehrfeldsystem" des Autors enthält ein umfangreiches Kapitel zu diesem Thema. Es ist aus Sicht des Autors und des SpringerVieweg–Verlags so interessant und wichtig, dass diese sich entschlossen haben, es als eigenständiges Werk herauszubringen.

Das vorgelegte Buch ist unabhängig vom Gesamtwerk lesbar und verständlich und soll jedem eine Einführung sein, der sich während seines Studiums, aber auch in der Praxis mit dem neuen Thema „Mehrfeldsysteme mit verteilten Parametern" zu beschäftigen hat. Andererseits soll es auch neugierig machen, das Teilgebiet in einem breiteren Zusammenhang im Rahmen des Gesamtgebietes „Kontinuumsschwingungen" zu verstehen und anzuwenden.

Insofern wendet sich das Buch vor allem an theoretisch arbeitende Ingenieure, aber auch an Physiker, Techno-Mathematiker und andere Naturwissenschaftler. Es zielt auf Studium und Beruf gleichermaßen und soll all jene ansprechen, die die klassische Schwingungstheorie für technische Systeme – eventuell auch Mehrfeldsysteme – mit konzentrierten Parametern – beschrieben durch gewöhnliche Differenzialgleichungen mit Anfangsbedingungen – bereits kennen.

Das Buch enthält eine Reihe ausführlich durchgerechneter Anwendungsbeispiele. Sie illustrieren die theoretischen Zusammenhänge und erleichtern dem Leser die

Handhabung der teilweise abstrakten Rechenmethoden. Auch die Diskussion auftretender Phänomene und das Ziehen praktischer Schlussfolgerungen für technische Fragestellungen werden dadurch aktiv unterstützt.

Karlsruhe, im Juni 2014   Jörg Wauer

Inhaltsverzeichnis

1 Einleitung 1

2 Mehrfeldsysteme mit Oberflächenkopplung 3
  2.1 Mechanische Systeme 3
  2.2 Fluidschwingungen 7
  2.3 Fluid-Struktur-Wechselwirkung 16
  2.4 Fluid-Struktur-Wechselwirkung in rotierenden Systemen 29

3 Mehrfeldsysteme mit Volumenkopplung 39
  3.1 Thermoelastische Koppelschwingungen 39
  3.2 Dynamik piezoelektrischer Wandler........................ 50
  3.3 Magnetoelastische Schwingungen 61
  3.4 Physikalische Nichtlinearitäten piezokeramischer Systeme 63

Was Sie aus diesem Essential mitnehmen können 69

Literatur 71

Sachverzeichnis 75

Einleitung

1

Bei sog. *Mehrfeldsystemen* (mit verteilten Parametern) stehen i. Allg. physikalische Felder unterschiedlicher Herkunft miteinander in Wechselwirkung, beispielsweise Verschiebungen von Festkörpern und Druckstörungen, Dichteänderungen und Teilchengeschwindigkeiten eines angrenzenden kompressiblen Fluids (bei Fluid–Festkörper–Interaktion) oder Temperaturänderungen der Festkörper (bei thermoelastischen Koppelschwingungen). Im erstgenannten Fall handelt es sich um mehrere, im einfachsten Falle *zwei* Teilgebiete, nämlich Festkörper und Fluid, die über die Kontaktfläche zwischen ihnen interagieren, sodass Mehrfeldsysteme mit *Oberflächenkopplung* vorliegen. Das zweite Problem betrifft im einfachsten Fall *ein* berandetes Gebiet, innerhalb dessen die unterschiedlichen Feldvariablen wechselwirken, sodass es sich um ein Mehrfeldsystem mit *Volumenkopplung* handelt. Beide Prototypen von verteilten Mehrfeldsystemen werden hier diskutiert.

Bei Koppelschwingungen von Festkörpern *und* angrenzenden Fluiden wird die beteiligte Flüssigkeit üblicherweise als NEWTONsches Fluid auf der Basis der sog. STOKESschen Hypothese angesehen. Zur Untersuchung der Dynamik eines thermoelastischen Körpers gelten bekanntermaßen ein modifiziertes HOOKEsches Gesetz sowie weitere konstitutive Gleichungen für die hinzukommenden Feldvariablen. Außerdem hat man der Impulsbilanz eine (vollständige) Energiebilanz hinzuzufügen. Ähnliche Verallgemeinerungen hat man bei anderen Mehrfeldsystemen vorzunehmen.

Eine technisch wichtiger und interessanter Sonderfall bei Mehrfeldsystemen mit Oberflächenkopplung betrifft ausschließlich *Festkörper*, die über ihre Berandungen in Kontakt stehen und sich über entsprechende Rand- bzw. Übergangsbedin-

© Springer Fachmedien Wiesbaden 2014
J. Wauer, *Dynamik verteilter Mehrfeldsysteme*, essentials,
DOI 10.1007/978-3-658-05691-9_1

gungen gegenseitig beeinflussen. Dann sind die auftretenden abhängig Variablen ausschließlich mechanische Feldgrößen, die allesamt durch Verschiebungsfelder und ihre Ableitungen ausgedrückt werden können. Im Rahmen einer linearen Theorie sind dann aktuelle Probleme der *nichtglatten* Dynamik mit wechselnden Bindungen im Zusammenhang mit reibungsbehafteten Stößen [38] ausgeschlossen und es verbleiben nur noch *glatte* Probleme der reinen Festkörperdynamik mit permanentem Kontakt. Wesentlich interessanter sind entsprechend oberflächengekoppelte Mehrfeldsysteme, bei denen ein Festkörper und ein Fluid in Wechselwirkung treten [16]. Derartige Fluid-Struktur-Schwingungen müssen heute von Ingenieuren in ihren Grundlagen verstanden und beherrscht werden, sodass eine Einführung in dieses Gebiet wichtig ist. Sie ist ein wesentliches Anliegen des vorliegenden Buches.

Mehrfeldsysteme mit Volumenkopplung sind ebenfalls von großer technischer Bedeutung. Dazu gehören – wie bereits gesagt – schwingende thermoelastische Körper [19] oder Festkörper in Mechatronik-Anwendungen unter Einwirkung elektrischer oder magnetischer Felder, insbesondere dann, wenn bereits die Materialien selbst elektro-magnetisch-mechanische Eigenschaften in Form gekoppelter konstitutiver Gleichungen besitzen, die die Kopplung der mechanischen sowie der elektrischen oder magnetischen Feldgrößen bereits im linearen Betrieb herbeiführen. Die Dynamik derartiger piezoelektrischer oder magnetoelastischer Körper [2, 8] sollte sowohl für Sensor- aber auch Aktoranwendungen ebenfalls in den wesentlichen Grundzügen verstanden werden. Auch dazu möchte das vorliegende Werk beitragen. Abschließend in dieser Kategorie von Mehrfeldsystemen werden physikalische Nichtlinearitäten piezokeramischer Systeme angesprochen.

Verallgemeinerungen als Kombinationen von Mehrfeldsystemen mit Oberflächen- und mit Volumenkopplung sind natürlich denkbar, für deren Verständnis reichen Kenntnisse über die angesprochenen beiden Prototypen jedoch aus.

Mehrfeldsysteme mit Oberflächenkopplung 2

Einführend wird die lineare Dynamik ein paar weniger, rein festkörpermecha-
nischer Mehrfeldsysteme angesprochen, bevor über notwendige Grundlagen von
Fluidschwingungen zur angesprochenen Fluid-Festkörper-Wechselwirkung über-
gegangen wird.

2.1 Mechanische Systeme

Der Problemkreis wird exemplarisch an ausgewählten Beispielen von Zweifeldsys-
temen aus jeweils 1-parametrigen Strukturmodellen untersucht.

Beispiel 2.1

Ausführlich wird an eine Übungsaufgabe in [43] angeknüpft, die die Herleitung
des maßgebenden Randwertproblems für ein Zweifeldsystem gemäß Abb. 2.1
zum Thema hatte. Es geht dabei um die gekoppelten Querschwingungen $u(Z, t)$
einer elastischen Saite (Länge ℓ_1, konstante Vorspannung S_0, konstante Massenbelegung μ_1) mit den Längsschwingungen $w(Y, t)$ eines viskoelastischen Stabes
(Länge ℓ_2, konstante Dehnsteifigkeit EA, Massenbelegung μ_2, Dämpfungskon-
stante k_i), die jeweils einseitig in der Umgebung unverschiebbar gelagert und
über die beiden anderen Endpunkte miteinander *formschlüssig* verbunden sind.

© Springer Fachmedien Wiesbaden 2014
J. Wauer, *Dynamik verteilter Mehrfeldsysteme*, essentials,
DOI 10.1007/978-3-658-05691-9_2

Abb. 2.1 Zweifeldsystem

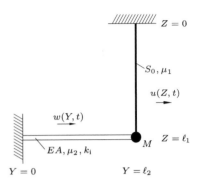

Der Einfachheit halber wird im Rahmen der folgenden Rechnung auf die angebrachte Endmasse verzichtet; eine erregende Streckenlast $p(Z,t) = P_0 \sin \Omega t$, hier der Saite, wird einbezogen, um gegebenenfalls auch Zwangsschwingungen diskutieren zu können.

Bei der Herleitung der Bewegungsgleichungen aus dem Prinzip von HAMILTON [43]

$$\delta \int_{t_1}^{t_2} (T - U)\,\mathrm{d}t + \int_{t_1}^{t_2} W_\delta\,\mathrm{d}t = 0. \tag{2.1}$$

sind bei der vorliegenden einfachen Problemstellung die bereitzustellenden Energie- und Arbeitsanteile elementar:

$$
\begin{aligned}
T &= \frac{\mu_1}{2} \int_0^{\ell_1} u_{,t}^2 \mathrm{d}Z + \frac{\mu_2}{2} \int_0^{\ell_2} w_{,t}^2 \mathrm{d}Y, \\
U &= U_\mathrm{i} = \frac{S_0}{2} \int_0^{\ell_2} u_{,Z}^2 \mathrm{d}Z + \frac{EA}{2} \int_0^{\ell_2} w_{,Y}^2 \mathrm{d}Y, \\
W_\delta &= \int_0^{\ell_1} p(Z,t)\delta u\,\mathrm{d}Z - k_\mathrm{i} EA \int_0^{\ell_2} w_{,Yt}\delta w_{,Y} \mathrm{d}Y.
\end{aligned}
$$

Das Randwertproblem für das zu untersuchende Zweifeldsystem lautet demnach

$$-S_0 u_{,ZZ} + \mu_1 u_{,tt} = p(Z,t), \quad -EA(w_{,YY} + k_\mathrm{i} w_{,YYt}) + \mu_2 w_{,tt} = 0,$$

$$u(Z = 0, t) = 0, \quad w(Y = 0, t) = 0,$$

$$w(Y = \ell_2, t) = u(Z = \ell_1, t), \quad EA[w_{,Z} + k_\mathrm{i} w_{,Zt}]_{(Y = \ell_2, t)}$$

$$= S_0 u_{,Z}(Z = \ell_1, t) \; \forall t \geq 0, \tag{2.2}$$

ist jeweils zweiter Ordnung in Ort und Zeit und besitzt – wie es sein muss – insgesamt vier Einschränkungen in Form von zwei Randbedingungen bei $Z = 0$

bzw. $Y = 0$ und zwei Übergangsbedingungen an der Verbindungsstelle, die durch $Z = \ell_1$ und $Y = \ell_2$ gekennzeichnet ist. Über einen isochronen Separationsansatz

$$u(Z,t) = U(Z)\sin\omega t, \quad w(Y,t) = W(Y)\sin\omega t$$

erhält man mit den Quadraten der jeweiligen Wellengeschwindigkeiten $c_1^2 = S_0/\mu_1$ und $c_2^2 = EA/\mu_2$ das zugehörige Eigenwertproblem

$$U_{,ZZ} + \frac{\omega^2}{c_1^2}U = 0, \quad W_{,YY} + \frac{\omega^2}{c_2^2}W = 0,$$

$$U(Z = 0) = 0, \quad W(Y = 0) = 0, \tag{2.3}$$

$$W(Y = \ell_2) = U(Z = \ell_1), \quad c_2^2 W_{,Z}(Y = \ell_2) = c_1^2 m U_{,Z}(Z = \ell_1).$$

Die Abkürzung $m = \mu_1/\mu_2$ bezeichnet das Verhältnis der beiden Massenverteilungen. Die allgemeinen Lösungen der Feldgleichungen in (2.3) sind

$$U(Z) = A\sin\frac{\omega}{c_1}Z + B\cos\frac{\omega}{c_1}Z, \quad W(Y) = C\sin\frac{\omega}{c_2}Y + D\cos\frac{\omega}{c_2}Y,$$

und die Anpassung an die jeweils zwei Rand- und Übergangsbedingungen in (2.3) liefert ein homogenes algebraisches Gleichungssystem für die vier Konstanten A bis D. Aus den beiden Randbedingungen bei $Z = 0$ und $Y = 0$ folgt $B, D \equiv 0$, sodass nur noch die Übergangsbedingungen zur Bestimmung von A, C verbleiben. Für nichttriviale Lösungen $A, C \neq 0$ muss die zugehörige Determinante null werden:

$$\begin{vmatrix} \sin\dfrac{\omega\ell_1}{c_1} & -\sin\dfrac{\omega\ell_2}{c_2} \\ m\cos\dfrac{\omega\ell_1}{c_1} & -\cos\dfrac{\omega\ell_2}{c_2} \end{vmatrix} = 0. \tag{2.4}$$

Dies ergibt die Frequenzgleichung

$$-\tan\frac{\omega\ell_1}{c_1} + m\tan\frac{\omega\ell_2}{c_2} = 0.$$

Die Determinante (2.4) ist deshalb mit angeschrieben worden, weil aus ihr für $m \to 0^1$ die entkoppelten Eigenwertprobleme der Querschwingungen einer beidseitig unverschiebbar befestigten Saite und der Längsschwingungen eines

---

[1] Der andere Grenzfall $1/m \to 0$ ist eher akademisch.

einseitig unverschiebbar, am anderen Ende normalkraftfreien Stabes einfach
abgelesen werden können:

$$\sin \frac{\omega \ell_1}{c_1} = 0, \quad \cos \frac{\omega \ell_2}{c_2} = 0.$$

Dazu gehören jeweils abzählbar unendlich viele Eigenkreisfrequenzen $\omega_{1k} \ell_1 /$
$c_1 = k\pi$ $(k = 1, 2, \ldots, \infty)$ und $\omega_{2k} \ell_2 / c_2 = (k-1)\pi/2$ $(k = 1, 2, \ldots, \infty)$.
Ist dann für das gekoppelte Zweifeldsystem beispielsweise der Kopplungspara-
meter m klein, gibt es abzählbar unendlich viele Eigenkreisfrequenzen ω_k $(k = 1, 2, \ldots, \infty)$, die zweckmäßig in zwei Folgen ω_{2n} und ω_{2n-1} $(n = 1, 2, \ldots, \infty)$
aufgeteilt werden, wovon die eine Folge eine Korrektur der Eigenkreisfrequen-
zen ω_{1k} und die andere eine Korrektur der ω_{2k} enthält. Auch die Eigenformen
des Koppelsystems teilt man zweckmäßig entsprechend auf, sodass zwar al-
le Moden Koppelmoden darstellen, diese aber in der einen Gruppe durch die
ursprünglichen Eigenformen der Saite, in der anderen Gruppe durch entsprechende Eigenformen des Stabes dominiert werden. Im allgemeinen Fall hat
man die transzendente Frequenzgleichung numerisch zu lösen und ordnet die
Koppelkreisfrequenzen mit zugehörigen Eigenfunktionen der Größe nach. Da
die Dämpfung als proportionale Dämpfung modelliert wurde, ergeben sich für
das vorliegende Zweifeldsystem im Vergleich zu den beiden Einfeldsystemen
keine Besonderheiten. Da die elastische Saite am verschiebbaren Ende des viskoelastischen Stabes befestigt ist, kann vermutet werden, dass bei erzwungenen
Schwingungen sämtliche Resonanzen endlich große Ausssschläge auch für die
angekoppelte Saite hervorrufen werden, dass die Dämpfung also durchdringend
ist. Die Zwangsschwingungen selbst werden hier nicht mehr untersucht. Da
das Problem insgesamt (nur) vierter Ordnung ist, hält sich der Rechenaufwand
auf der Basis der GREENschen Resolvente durchaus noch in Grenzen. Modale
Entwicklungen zur Untersuchung der Zwangsschwingungen erscheinen einfach,
sind aber deswegen nicht elementar, weil bereits die Erfüllung der geometrischen
Übergangsbedingungen einigen Aufwand bedeutet. ■

Ändert man die Aufgabenstellung derart ab, dass man die Verbindung von Saite und
Stab nicht form- sondern *kraftschlüssig* beispielsweise mittels zwischengeschal-
teter Dehnfeder realisiert, ändert dies die Verhältnisse qualitativ überhaupt nicht.
Das Problem wird nur quantitativ etwas komplizierter, weil in Form der Federkon-
stanten der Zwischenfeder ein weiterer Parameter das Schwingungsverhalten des
Zweifeldsystems beeinflusst. Technische Anwendungen der besprochenen Kategorie stammen aus der Robotik oder aus dem Bereich von Hubkolbenmaschinen,
wofür häufig elastische Mehrkörpersysteme zu betrachten sind. Die auftretenden

Randwertprobleme sind allerdings in vielen Fällen hochgradig nichtlinear, weil dabei große Starrkörperbewegungen die Regel sind. Betrachtet man andererseits als Beispiel zwei Einfeldprobleme quer schwingender Balken übereinstimmender Länge L, die man parallel mit den linken Enden bei $Z = 0$ anordnet und beide über eine dazwischen geschaltete elastische oder viskoelastische Bettung koppelt, entsteht physikalisch durchaus ein Zweifeldsystem, mathematisch ist es jedoch *ein* Grundgebiet $0 \leq Z \leq L$ für *beide* Komponenten, sodass wie bei gekoppelten Biege-Torsions-Schwingungen eines Stabes mit unsymmetrischem Querschnitt oder bei Biegeschwingungen eines TIMOSHENKO-Balkens eigentlich mechanische Einfeldsysteme mit Volumenkopplung resultieren, die in [43] ausführlich behandelt werden.

2.2 Fluidschwingungen

Damit ein zwischen starren Wänden eingeschlossenes Fluid in Form einer Flüssigkeit oder eines Gases schwingungsfähig ist, muss es kompressibel sein. Im Folgenden wird deshalb ein kompressibles Fluid vorausgesetzt, das vereinfachend homogen und isotrop sein soll. Als einfachsten Fall nimmt man darüber hinaus ein reibungsfreies Fluid an[2]. Die Bewegungsgleichungen werden zunächst im Rahmen synthetischer Überlegungen hergeleitet, bevor auch eine analytische Formulierung mit Hilfe des Prinzips von HAMILTON das Thema abrundet. Die Beschreibung erfolgt für einen raumfesten Beobachter eines abgeschlossenen Kontrollvolumens v zweckmäßig in EULER-Koordinaten, beispielsweise x, y, z im Falle eines kartesischen Bezugssystems. Es wird allerdings in der Regel vereinfachend angenommen, dass es um Schwingungserscheinungen in *ruhenden* Fluiden geht, d. h. eine Strömung mit der vorgeschriebenen Transportgeschwindigkeit $\vec{v}_0$ tritt dann nicht auf. Betrachtet man reibungsfreie, kompressible Fluide, geht es dann im Wesentlichen um drei orts- und zeitabhängige Variable: 1. Druckstörungen $p(x, y, z, t)$, die sich in der Form $p_0 + p$ mit üblicherweise $p \ll p_0$ dem vorgegebenen Umgebungsdruck p_0 überlagern, 2. Dichteänderungen $\rho(x, y, z, t)$ als kleine Abweichungen von der Dichte ρ_0 ($\rho \ll \rho_0$) bei Umgebungsdruck p_0 in der Form $\rho_0 + \rho$ und 3. die Schnelle, d. h. die Fluidteilchengeschwindigkeit $\vec{v}(x, y, z, t)$, wobei diese betragsmäßig sehr viel kleiner als die Schallgeschwindigkeit c_0 des betreffenden Mediums sein soll. Hierfür stehen folgende Gleichungen zur Verfügung:

---

[2] Der Einfluss der Viskosität wird im Einzelfall hinzugenommen.

1. Eine Zustandsgleichung, hier für die angenommene *adiabatische* Zustandsänderung[3] in der Form

$$\frac{p_0 + p}{p_0} = \left(\frac{\rho_0 + \rho}{\rho_0}\right)^{\kappa} \text{ mit } \kappa = \frac{c_p}{c_v}. \tag{2.5}$$

Die Größen c_p, c_v bezeichnen darin die spezifischen Wärmen bei konstantem
Druck und konstantem Volumen. Unter den betrachteten Kleinheitsvorausset-
zungen folgt daraus $1 + p/p_0 = (1 + \rho/\rho_0)^{\kappa} = 1 + \kappa\rho/\rho_0 + \ldots$ Mit der
Abkürzung $c^2 = \kappa p_0/\rho_0$ erhält man damit die lineare Approximation

$$p = c^2 \rho \tag{2.6}$$

der Zustandsgleichung. Die physikalische Bedeutung der Größe c als Phasengeschwindigkeit, d. h. Schallgeschwindigkeit des betrachteten Fluids wird später
erkennbar.

2. Die *räumliche* Impulsbilanz, hier ohne Volumenkräfte zunächst in der Form

$$t_{ij,i} = (\rho_0 + \rho)a_j, \quad j = 1, 2, 3. \tag{2.7}$$

Dabei gilt im Rahmen einer linearen Theorie, dass die konvektiven Geschwin-
digkeitsanteile vernachlässigt werden können, sodass bei den Beschleunigungs-
anteilen a_i auch nur die lokalen Beiträge $a_i = v_{i,t}$ ins Gewicht fallen.

3. Die konstitutive Gleichung eines idealen reibungsfreien Fluids. Sie verknüpft
   bekanntlich über

$$\vec{\vec{t}} = -(p_0 + p)\,\vec{\vec{I}}, \text{ d. h. } t_{ij} = 0, \, i \neq j \text{ und } t_{ii} = -(p_0 + p) \tag{2.8}$$

den Cauchyschen Spannungstensor $\vec{\vec{t}}$ mit dem Druck $p_0 + p$. Das Materialgesetz trägt also offensichtlich der Tatsache Rechnung, dass durch das Fluid im
reibungsfreien Fall keine Schubspannungen übertragen werden können.
Setzt man die Materialgleichung (2.8) unter den vorausgesetzten Kleinheitsbe-
dingungen in die Impulsbilanz (2.7) ein, erhält man in linearer Beschreibung
den Zusammenhang

$$-p_{,j} = \rho_0 v_{j,t}, \quad j = 1, 2, 3, \text{ bzw. } - \operatorname{grad} p = \rho_0 \vec{v}_{,t} \tag{2.9}$$

als so genannte Euler-Gleichung in linearisierter Form.

---

[3] In [7] werden alternativ auch isotherme Zustandsänderungen angesprochen.

4. Die Kontinuitätsgleichung

$$-(\rho_0 + \rho)_{,t} = \text{div}\,[(\rho_0 + \rho)\vec{v}], \qquad (2.10)$$

gleichbedeutend mit der Tatsache, dass für das Kontrollvolumen v die lokale Dichteabnahme gleich dem Austrittsüberschuss an Masse sein muss. Damit werden die Systemgleichungen mathematisch abgeschlossen. Linearisieren liefert die hier maßgebende Form

$$-\rho_{,t} = \rho_0 \text{div}\,\vec{v} \qquad (2.11)$$

der Kontinuitätsgleichung.

Die zwei thermodynamischen (p und ρ) und die drei mechanischen Variablen v_j sind damit eindeutig bestimmt. Der Vollständigkeit halber wird festgestellt, dass im Rahmen der hier verfolgten linearen Theorie ohne eigentliche Strömung die räumliche und die materielle Beschreibung ununterscheidbar zusammenfallen, sodass z. B. auch das Volumen in räumlicher (v) und materieller Darstellung (V) gleich ist. Divergenzbildung der EULER-Gleichung (2.9) führt nach Einsetzen der Zustands- und der Kontinuitätsgleichung (2.6), (2.10) auf die Wellengleichung

$$p_{,tt} - c^2 \nabla^2 p = 0$$

für die Druckstörung p. Wegen der Zustandsgleichung (2.6) hat man dann auch für die Dichteänderung ρ eine Wellengleichung:

$$\rho_{,tt} - c^2 \nabla^2 \rho = 0.$$

Setzt man schließlich in die Zeitableitung der EULER-Gleichung (2.9) den Gradienten der Kontinuitätsgleichung (2.10) und die Zustandsgleichung (2.6) ein, erhält man das Zwischenergebnis grad div $\vec{v} = \vec{v}_{,tt}/c^2$. Weil grad div $\vec{v} = \text{div grad } \vec{v} +$ rot rot $\vec{v} = \nabla^2\vec{v} +$ rot rot $\vec{v}$ ist, erhält man für die Geschwindigkeit $\vec{v}$ die Beziehung

$$\vec{v}_{,tt} - c^2(\nabla^2\vec{v} + \text{rot rot } \vec{v}) = \vec{0},$$

die keine Wellengleichung ist. Erfahrungsgemäß gilt jedoch bei Schwingungsvorgängen in reibungsfreien Fluiden rot $\vec{v} = \vec{0}$, sodass dann auch für die Schnelle eine Wellengleichung

$$\vec{v}_{,tt} - c^2 \nabla^2\vec{v} = \vec{0}$$

resultiert. Als Ergebnis kann man festhalten, dass alle Variablen $p, \rho, \vec{v}$ unter der Nebenbedingung rot $\vec{v} = \vec{0}$ der Wellengleichung mit der Phasengeschwindigkeit

$$c = \sqrt{\frac{\kappa p_0}{\rho_0}} = \sqrt{\frac{dp}{d\rho}}\bigg|_{\rho=\rho_0} \equiv c_0 \qquad (2.12)$$

genügen. Wenn das Geschwindigkeitsfeld gemäß rot $\vec{v} = \vec{0}$ wirbelfrei ist, dann ist die Geschwindigkeit $\vec{v}$ aus einem skalaren Potenzial Φ gemäß

$$\vec{v} = \text{grad } \Phi \qquad (2.13)$$

herleitbar. Die Bestätigung erhält man durch Nachrechnen: rot $\vec{v} = $ rot grad $\Phi \equiv \vec{0}$. Auch dieses so genannte *Geschwindigkeitspotenzial* $\Phi(x, y, z, t)$ erfüllt die Wellengleichung. Ausgangspunkt des Nachweises ist die EULER-Gleichung (2.9), die mit der Beziehung (2.13) als

$$-p = \rho_0 \Phi_{,t} \qquad (2.14)$$

geschrieben werden kann. Differenziert man diese Gleichung einmal nach der Zeit, verwendet die Zustandsgleichung (2.6) und dann die Kontinuitätsgleichung (2.11) unter nochmaliger Verwendung des Ansatzes (2.13), folgt

$$\Phi_{,tt} - c_0^2 \nabla^2 \Phi = 0, \qquad (2.15)$$

was zu zeigen war.

Die analytische Herleitung des maßgebenden Randwertproblems aus einer Variationsformulierung ist noch nicht etabliert, ist aber durchaus möglich [16] und soll hier in zwei Varianten des Prinzips von HAMILTON angegeben werden. In jedem Fall ist dabei zu beachten, dass die auftretenden Variationen materiell auszuführen sind. Da Strömungsprobleme in aller Regel in EULER-Koordinaten adäquat beschrieben werden, ist auf eine materielle Beschreibung überzugehen. Da an dieser Stelle ausschließlich lineare Probleme ohne Strömung diskutiert werden, für die EULER- und LAGRANGE-Koordinaten ununterscheidbar zusammenfallen, entfällt diese Umrechnung hier. Die erste Variante folgt [20, 34], und lehnt sich an die übliche Vorgehensweise in der Festkörpermechanik, siehe [43], Abschn. 2.3.1 und 2.3.2, an, bei der letztendlich die Verschiebungen variiert werden. Dementsprechend hat man zum einen die kinetische Energie

$$T = \frac{\rho_0}{2} \int_v \vec{u}_{,t} \cdot \vec{u}_{,t} dv$$

mit dem Geschwindigkeitsvektor $\vec{v} = \vec{u}_{,t}$ als Zeitableitung des Verschiebungsvektors zu variieren. Zum anderen tritt die Variation des inneren Potenzials[4]

$$\delta U_i = \int_v \vec{\vec{t}} \, \nabla \delta \vec{u} \, dv \qquad (2.16)$$

der Spannung $\vec{\vec{t}}$ bei einer entsprechenden virtuellen Verschiebung $\delta \vec{u}$ hinzu. Mittels partieller Integration lässt sich (2.16) in

$$\delta U_i = \oint_s \vec{\vec{t}} \delta \vec{u} \, da - \int_v \nabla \vec{\vec{t}} \, \delta \vec{u} \, dv$$

umformen. Damit lautet die resultierende Variationsformulierung

$$\int_{t_1}^{t_2} \left[-\rho_0 \int_v \left(\vec{u}_{,tt} - \nabla \vec{\vec{t}} \right) \delta \vec{u} \, dv - \oint_s \vec{\vec{t}} \delta \vec{u} \, da \right] dt = 0. \qquad (2.17)$$

Die beiden Summanden innerhalb des Volumenintegrals stellen die eigentliche Bewegungsdifferenzialgleichung des idealen Fluids dar, während der letzte Summand die Randbedingungen liefert. Mit dem besonders einfachen Materialgesetz (2.8) des idealen Fluids und der adiabaten Zustandsänderung (2.6) zur Beschreibung der Kompressibilität kommt man dann wieder zur Problembeschreibung in Form der EULER-Gleichung (2.9) mit dynamischen Randbedingungen verschwindenden Drucks oder verschwindender Geschwindigkeit in Normalenrichtung an einer starren Wand.

Die zweite Variante arbeitet in Potenzialgrößen, womit sich die kinetische Energie T und die potenzielle Energie U_i einfach formulieren lassen [4, 7]:

$$T = \frac{\rho_0}{2} \int_v \nabla \Phi \cdot \nabla \Phi \, dv, \quad U_i = \frac{\rho_0}{2c^2} \int_v \Phi_{,t}^2 \, dv.$$

Wieder ohne potenziallose Kräfte ergibt sich $W_\delta = 0$ und das Prinzip von HAMILTON (2.1) kann ausgewertet werden. Ausführen der Variationen liefert in einem ersten Schritt

$$\int_{t_1}^{t_2} \int_v \left(\rho_0 \nabla \Phi \cdot \nabla \delta \Phi - \frac{\rho_0}{c^2} \Phi_{,t} \delta \Phi_{,t} \right) dv \, dt = 0$$

$$\Rightarrow \int_{t_1}^{t_2} \int_v \left[\nabla \cdot (\delta \Phi \nabla \Phi) - \nabla^2 \Phi \delta \Phi - \frac{1}{c^2} \Phi_{,t} \delta \Phi_{,t} \right] dv \, dt = 0.$$

---

[4] In [34] ist ausgeführt, wie die Überlegungen auch auf zähe Fluide ausgedehnt werden können.

Diese Beziehung kann mit dem GAUSSschen Integralsatz in

$$\int_{t_1}^{t_2} \oint_s \delta\Phi\nabla\Phi \cdot \vec{n}\, \mathrm{d}a\, \mathrm{d}t + \int_{t_1}^{t_2} \int_v \left(-\nabla^2\Phi + \frac{1}{c^2}\Phi_{,tt} \right) \delta\Phi\, \mathrm{d}v\, \mathrm{d}t = 0$$
$$\Rightarrow \int_{t_1}^{t_2} \oint_s \Phi_{,n}\delta\Phi\, \mathrm{d}a\, \mathrm{d}t + \int_{t_1}^{t_2} \int_v \left(-\nabla^2\Phi + \frac{1}{c^2}\Phi_{,tt} \right) \delta\Phi\, \mathrm{d}v\, \mathrm{d}t = 0. \tag{2.18}$$

umgeformt werden, wenn $\Phi_{,n} = \nabla\Phi \cdot \vec{n}$ die Ableitung des Potenzials Φ in Richtung der äußeren Normalen der berandenden Oberfläche s bezeichnet. Die eigentliche Bewegungsdifferenzialgleichung folgt aus dem zweiten Integral in (2.18), während das erste Integral die Randbedingungen liefert. Ist das Fluid beispielsweise an der begrenzenden Oberfläche mit einer starren Wand in Kontakt, ergibt sich, wie bereits vermerkt, eine verschwindende Geschwindigkeit in Normalenrichtung, d. h. $\Phi_{,n} = 0$, während Dichteänderung ρ und Druckstörung p ungleich null sind. Man spricht dann von einer *schallharten* Berandung. Ist dagegen die Fluidberandung spannungsfrei, gilt dort $p, \rho = 0$, d. h. wegen (2.14) auch $\Phi_{,t} = 0 \Rightarrow \Phi = 0$, aber $\vec{v} \neq \vec{0}$. Die Begrenzung wird dann *schallweich* genannt. Als Besonderheit dieser zweiten Variante des Prinzips von HAMILTON für Fluide unter Verwendung des Geschwindigkeitspotenzials Φ ist aber festzuhalten, dass bei der Angabe von Randbedingungen das Ergebnis $\Phi_{,n} = 0$ eine kinematische Festlegung darstellt, während $\delta\Phi$ eine Spannungsrandbedingung beschreibt. Vergleicht man diese Resultate mit jenen der ersten Variante, kehrt sich offensichtlich die Schlussfolgerung für kinematische, d. h. geometrische und dynamische Randbedingung um. Bei der Beschreibung der Fluid-Struktur-Wechselwirkung auf der Basis des Prinzips von HAMILTON, d. h. einer Betrachtung des Gesamtsystems, hat man dieser Tatsache Rechnung zu tragen.

Zum Schluss wird kein ideales Fluid mehr vorausgesetzt, es werden schwache Reibungseinflüsse mitberücksichtigt. Dabei wird angenommen, dass die Entropieproduktion infolge der Reibung vernachlässigbar ist und wie bereits im reibungsfreien Fall wird thermische Diffusion vernachlässigt, sodass die Zustandsänderung adiabatisch verläuft. Das Materialgesetz basiert jetzt auf dem Begriff des NEWTONschen Fluids ohne Gedächtnis unter Einbeziehung der STOKESschen Hypothese, sodass nur noch eine Materialkonstante, nämlich die dynamische Zähigkeit η bzw. kinematische Viskosität $\mu = \eta/\rho_0$, auftritt. Die Spezialisierung der räumlichen Impulsbilanz (siehe [43], Abschn. 2.2.2) auf die so beschriebene konstitutive Gleichung bezeichnet man als NAVIER-STOKES-Gleichung [24]. In ihrer linearisierten Form

$$\vec{v}_{,t} = -\frac{1}{\rho_0}\nabla p + \mu\nabla^2\vec{v} + \frac{\mu}{3}\nabla(\nabla \cdot \vec{v}) \tag{2.19}$$

für kleine Zähigkeit μ bildet sie zusammen mit der linearisierten Kontinuitätsgleichung (2.11) und der linearisierten Zustandsgleichung (2.6) den Ausgangspunkt der folgenden Rechnung. Einsetzen der Zustandsgleichung in die Kontinuitätsgleichung liefert nach Differenziation bezüglich der Zeit

$$p_{,tt} + c_0^2 \rho_0 \nabla \cdot \vec{v}_{,t} = 0. \tag{2.20}$$

Eliminiert man jetzt noch mit Hilfe der NAVIER-STOKES-Gleichung (2.19) die lokale Beschleunigung $\vec{v}_{,t}$, ergibt sich zunächst

$$p_{,tt} + c_0^2 \rho_0 \left[-\frac{1}{\rho_0} \nabla^2 p + \mu \nabla^2 (\nabla \cdot \vec{v}) + \frac{\mu}{3} \nabla^2 (\nabla \cdot \vec{v}) \right] = 0. \tag{2.21}$$

Zusammenfassen und Ersetzen von $\nabla \cdot \vec{v}$ durch $p_{,t}$ liefert dann schließlich die Bewegungsdifferenzialgleichung

$$p_{,tt} - c_0^2 \nabla^2 p - \frac{4\mu}{3} \nabla^2 p_{,t} = 0 \tag{2.22}$$

für das Druckfeld eines reibungsbehafteten Fluids mit kleiner Zähigkeit. Offensichtlich liegt keine klassische Wellengleichung mehr vor, es tritt ein Zusatzterm auf, der das Medium dispersiv macht und zur Abschwächung der Anfangsamplitude laufender harmonischer Wellen führt. Im Allgemeinen ist im vorliegenden Fall das Geschwindigkeitsfeld $\vec{v}$ nicht mehr wirbelfrei und kann nicht mehr auf ein skalares Geschwindigkeitspotenzial Φ allein zurückgeführt werden. Nur noch eine Darstellung $\vec{v} = \nabla \Phi + \nabla \times \vec{\Psi}$ wie bei Festkörpern (siehe [43], Abschn. 6.2.1) führt dann wieder auf erweiterte Wellengleichungen für die Potenziale Φ und $\vec{\Psi}$. Für Sonderfälle, beispielsweise ebene Wellen, gilt allerdings $\nabla \times \vec{v} \equiv \vec{0}$, sodass dann die einfache Darstellung $\vec{v} = \nabla \Phi$ wieder zulässig ist und man für Φ formal die gleiche ergänzte Wellengleichung (2.22) wie für den Druck p erhält.

Zur genaueren Begründung, dass Dispersion und Abschwächung auftreten, betrachtet man z. B. eine ebene harmonische Druckwelle

$$p(x,t) = p_0 e^{i(k_W x - \omega t)}, \tag{2.23}$$

die sich in positive x-Richtung ausbreitet. Nach Einsetzen dieses Ansatzes in die Druckgleichung (2.22) erhält man die Dispersionsgleichung

$$\omega^2 - c_0^2 k_W^2 + i\frac{4\mu}{3}\omega k_W^2 = 0$$

zur Bestimmung der Wellenzahl

$$k_W^2 = \frac{\omega^2}{c_0^2 - i\frac{4\mu}{3}\omega} \qquad (2.24)$$

als Funktion der Kreisfrequenz. Die Dispersion durch die Viskosität des Fluids ist klar ersichtlich. Eliminiert man in (2.23) mittels (2.24) die Wellenzahl, ergibt sich

$$p(x,t) = p_0 e^{-\frac{2\mu\omega^2}{3c_0^2}x} e^{i\frac{\omega}{c_0}(x-ct)}, \qquad (2.25)$$

sodass auch die Abschwächung der Welle evident ist. Die Druckamplitude fällt exponentiell mit fortlaufender Ausbreitung, wobei Anteile mit höheren Frequenzen stärker als mit niedrigen Frequenzen abgeschwächt werden.

Konkret werden die Schwingungen berandeter kompressibler Fluide an dieser Stelle noch nicht diskutiert. Als Grenzfälle tauchen sie nämlich bei der im Folgenden behandelten Fluid-Struktur-Wechselwirkung immer wieder auf. Es wird allerdings noch auf die Verallgemeinerung einer vorhandenen endlichen Strömungsgeschwindigkeit kurz eingegangen. Als einzige Änderung setzt sich dann die Beschleunigung in der Impulsbilanz (2.7) bzw. (2.9) in der linearisierten Form $\vec{a} = \vec{v}_{,t} + \vec{v}_0 \nabla \vec{u}$ aus einem lokalen und einem konvektiven Anteil additiv zusammen. Konsequenterweise wird dann beim Übergang zum Geschwindigkeitspotenzial dieses mit der Geschwindigkeitsstörung $\vec{v}$ in Verbindung gebracht, $\vec{v} = \nabla \Phi$, sodass wieder eine Wellengleichung für Φ resultiert, die durch die Strömungsgeschwindigkeit $\vec{v}_0$ allerdings modifiziert ist. Wird beispielsweise das Problem in einem kartesischen Bezugssystem beschrieben und liegt eine Strömungsgeschwindigkeit in x-Richtung vor, $\vec{v}_0 = U_0 \vec{e}_x$, dann ist die resultierende Wellengleichung

$$-c_0^2 \nabla^2 \Phi + \Phi_{,tt} + 2U_0 \Phi_{,xt} + U_0^2 \Phi_{,xx} = 0. \qquad (2.26)$$

Wegen der Formulierung in EULER-Koordinaten tritt nicht nur die partielle Zeitableitung von Φ in Erscheinung, sondern die typische Ergänzung durch zwei weitere Summanden, die schon bei bewegten Saiten und Balken sowie durchströmten schlanken Rohren bei räumlicher Beschreibung charakteristisch ist, siehe [43], Abschn. 8.3.

Abschließend werden die Bewegungsgleichungen *inkompressibler*, allerdings wieder idealer reibungsfreier Fluide formuliert. Ob eine Strömungsgeschwindigkeit vorliegt oder nicht, ist zunächst einmal belanglos. In jedem Falle tritt keine

Dichteänderung auf, sodass die Kontinuitätsgleichung (2.11) zu der kinematischen Relation

$$\nabla \cdot \vec{v} = 0 \tag{2.27}$$

der Geschwindigkeit degeneriert. Entsprechend der Erfahrung, dass das Geschwindigkeitsfeld $\vec{v}$ wirbelfrei ist, wird auch hier gemäß $\vec{v} = \nabla \Phi$ die Geschwindigkeit auf ein skalares Potenzial zurückgeführt. Eingesetzt in (2.27) folgt damit die LAPLACE-Gleichung

$$\nabla^2 \Phi = 0 \tag{2.28}$$

zur Bestimmung des Geschwindigkeitspotenzials Φ. Der Druck ist keine thermodynamische Variable mehr und lässt sich folglich ohne thermodynamische Annahmen unter Verwendung von Φ aus der verbleibenden EULER-Gleichung berechnen, üblicherweise nach räumlicher Integration zur so genannten linearisierten instationären BERNOULLI-Gleichung. Im einfachen Fall ohne Strömung ergibt sich diese aus $\nabla \left(\Phi_{,t} + \frac{p}{\rho_0} \right) = \vec{0}$ in der Form

$$\Phi_{,t} + \frac{p}{\rho_0} = 0, \tag{2.29}$$

während bei Vorliegen einer Strömung $U_0 \vec{e}_x$ eine Ergänzung notwendig ist:

$$\Phi_{,t} + U_0 \Phi_{,x} + \frac{p}{\rho_0} = 0. \tag{2.30}$$

Die bei dem durchgeführten Integrationsschritt auftretende beliebige Zeitfunktion soll jeweils im Geschwindigkeitspotenzial aufgegangen sein. Reine Fluidschwingungen einer inkompressiblen Flüssigkeit zwischen *allseits starren* Wänden sind unmöglich. Betrachtet man zur Begründung ein ebenes Rechteckgebiet $0 \leq x \leq a, 0 \leq y \leq b$, ist als Feldgleichung die ebene LAPLACE-Gleichung (2.28) zu lösen, die an die homogenen Randbedingungen $\Phi_{,x} = 0$ $(x = 0, a)$ sowie $\Phi_{,y} = 0$ $(y = 0, a)$, d. h. verschwindende Geschwindigkeit in die jeweilige Normalenrichtung, anzupassen ist. Ersichtlich gibt es dann keine Schwingungslösungen[5]. Reine Fluidschwingungen (ohne Strömung) sind im inkompressiblen Fall nur, z. B. im Schwerkraftfeld der Erde, bei *freien Oberflächen* möglich, wodurch Randbedingungen mit Zeitableitungen des Geschwindigkeitspotenzials entstehen. Sie werden hier nicht behandelt[6].

---

[5] Gleichgewichtsaufgaben bei vorhandener Volumenkraft, d. h. inhomogener LAPLACE-Gleichung, oder bei Oberflächenlasten, d. h. inhomogenen Spannungsrandbedingungen, sind dann beispielsweise in der Elastostatik physikalisch sinnvoll gestellte Problemstellungen.

[6] Der interessierte Leser wird auf [7, 16] verwiesen.

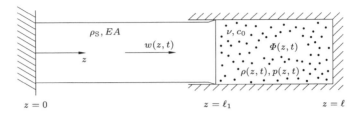

$z = 0$ $z = \ell_1$ $z = \ell$

Abb. 2.2 Geometrie des Zweifeldsystems Stab/Fluid

2.3 Fluid-Struktur-Wechselwirkung

Während also die Kompressibilität für reine Fluidschwingungen zwischen starren Wänden zwingend ist, können gekoppelte Fluid-Struktur-Schwingungen in der Tat auch für inkompressibel modellierte Fluide auftreten. Bei orts- und zeitabhängigen Schwingungen der Oberfläche eines elastischen Festkörpers kann nämlich ein angrenzendes inkompressibles Fluid die Schwingbewegungen unter gegenseitiger Beeinflussung übernehmen und in das Innere der Flüssigkeit fortpflanzen. Es wird deshalb von Fall zu Fall entschieden, ob der Kompressibilitätseinfluss mitgenommen oder weggelassen wird. Dabei wird das einfachste 1-parametrige Koppelproblem an den Anfang gestellt, um anschließend auch kompliziertere Aufgabenstellungen zu analysieren.

Beispiel 2.2

In Verallgemeinerung des rein mechanischen Zweifeldsystems aus Abschn. 2.1 wird jetzt als Modell einer Luftfederung eine einseitig eingespannte elastische Säule der Länge ℓ_1 (konstante Masse pro Länge $\rho_S A$, konstante Dehnsteifigkeit EA) betrachtet, die gemäß Abb. 2.2 in eine axial ausgerichtete schlanke Kammer der Länge $\ell - \ell_1$ (Querschnitt A) spielfrei hineinragt, die mit einem idealen *kompressiblen* Fluid gefüllt ist [25]. Im nicht vorgespannten Ausgangszustand bei Umgebungsdruck p_0 mit der Fluiddichte ρ_0 sind Stab und Fluid in Ruhe, d. h. Stabverschiebung $w_0 \equiv 0$ und Fluidgeschwindigkeit $v_0 \equiv 0$. Untersucht werden die überlagerten kleinen Koppelschwingungen $w(z,t)$ des Stabes ($0 \leq z \leq \ell_1$) und des Fluids ($\ell_1 \leq z \leq \ell$), charakterisiert durch Druckänderung $p(z,t)$, Dichteänderung $\rho(z,t)$ und Geschwindigkeitspotenzial $\Phi(z,t)$. Es wird angenommen, dass die Wände der Kammer ideal glatt sind und die Zustandsänderungen des Fluids adiabatisch verlaufen (Schallgeschwindigkeit c_0). Die freien Schwingungen sind von besonderem Interesse.

Zur Herleitung des maßgebenden Randwertproblems in der Stabverschiebung w und dem Schnellepotenzial Φ des Fluids, soll das Prinzip von HAMILTON[7] verwendet werden. Dabei hat man sich zu entscheiden, welche der beiden im vorangehenden Abschnitt kennengelernten Varianten eingesetzt werden soll. Gegebenenfalls kann man anschließend zu der gewünschen gemischten Darstellung in w und Φ übergehen, die vielleicht physikalisch am nächstliegenden ist[8]. Hier wird im ersten Schritt eine homogene Darstellung in Potenzialgrößen gewählt. Dafür ist es notwendig, ein entsprechendes Geschwindigkeitspotenzial Φ_S des Stabes einzuführen, und auch die Ausbreitungsgeschwindigkeit $c_S = \sqrt{E/\rho_S}$ von Stablängswellen wird dann noch sinnvollerweise als die mit c_0 korrespondierende Größe eingeführt.

Kinetische Energie T, potenzielle Energie $U = U_i$ und virtuelle Arbeit W_δ des Gesamtsystems setzen sich aus den Anteilen für Stab und Fluid zusammen. Nach den Vorüberlegungen sind diese Energien einleuchtend:

$$T = \frac{\rho_S}{2} \int_0^{\ell_1} \Phi_{S,z}^2 \,\mathrm{d}z + \frac{\rho_0}{2} \int_{\ell_1}^{\ell} \Phi_{,z}^2 \,\mathrm{d}x,$$

$$U = \frac{\rho_S}{2c_S^2} \int_0^{\ell_1} \Phi_{S,t}^2 \,\mathrm{d}z + \frac{\rho_0}{2c_0^2} \int_{\ell_1}^{\ell} \Phi_{,t}^2 \,\mathrm{d}z,$$

$$W_\delta = 0.$$

Die Auswertung des Prinzips von HAMILTON (2.1) liefert das Randwertproblem

$$\Phi_{S,tt} - c_S^2 \Phi_{S,zz} = 0, \quad 0 \le z \le \ell_1,$$

$$\Phi_{,tt} - c_0^2 \Phi_{,zz} = 0, \quad \ell_1 \le z \le \ell,$$

$$\Phi_{S,z}(0,t) = 0, \quad \Phi_{,z}(\ell,t) = 0,$$

$$\rho_S \Phi_S(\ell_1,t) - \rho_0 \Phi(\ell_1,t) = 0, \quad \Phi_{S,z}(\ell_1,t) - \Phi_{,z}(\ell_1,t) = 0 \,\forall t \ge 0,$$

---

[7] Dieses stellt eine signifikante Modifikation der Variationsformulierung dar, die bereits, siehe [16], in der Literatur vereinzelt dargestellt ist: Dabei wird das Prinzip der virtuellen Arbeit für die beteiligten Subsysteme getrennt formuliert, sodass Übergangsbedingungen als Schnittstelle beider Teilprobleme auftreten. Hier werden diese beiden Gleichungssysteme so aufaddiert, dass (zukünftig) beispielsweise bei Vorgabe kinematischer Bedingungen die dynamischen zwanglos folgen.

[8] Bei Näherungslösungen mittels Finite-Element-Methoden hat die gemischte Formulierung unter Verwendung des Geschwindigkeitspotenzials für das Fluid und von Verschiebungsgrößen für die Struktur den Vorteil, dass sie direkt auf Gleichungssysteme mit symmetrischen Matrizen führt [16].

das mit $\rho_S A \Phi_{S,t}(\ell_1) = EAw_{,z}(\ell_1)$ und $\Phi_{S,z}(\ell_1) = w_{,t}(\ell_1)$ als

$$\rho_S A w_{,tt} - EA w_{,zz} = 0, \quad 0 \le z \le \ell_1,$$

$$\Phi_{,tt} - c_0^2 \Phi_{,zz} = 0, \quad \ell_1 \le z \le \ell,$$

$$w(0,t) = 0, \quad \Phi_{,z}(\ell,t) = 0,$$

$$Ew_{,z}(\ell_1,t) - \rho_0 \Phi_{,t}(\ell_1,t) = 0, \quad w_{,t}(\ell_1,t) - \Phi_{,z}(\ell_1,t) = 0 \ \forall t \ge 0$$

$$(2.31)$$

äquivalent geschrieben werden kann. Sollen Zwangsschwingungen berechnet werden, kann beispielsweise eine auf den Stab $(0 \le z \le \ell_1)$ einwirkende Streckenlast $q(z,t)$ hinzugefügt werden, wodurch die Stabgleichung $(2.31)_1$ inhomogen wird. Auch ein viskoelastischer Stab oder ein zähes Fluid können durch entsprechende Zusatzterme in den betreffenden Feldgleichungen und teilweise den Übergangsbedingungen problemlos modelliert werden. Es liegt offensichtlich ein echtes Zweifeldsystem für die Verschiebung des stabförmigen Strukturmodells und das Geschwindigkeitspotenzial des reibungsfreien kompressiblen Fluids vor. Die Kopplung erfolgt ausschließlich über die Übergangsbedingungen an der Kontaktstelle zwischen Stab und Fluid bei $z = \ell_1$. Die beiden Feldgleichungen in Form von zwei 1-dimensionalen Wellengleichungen sind nicht gekoppelt. Mathematisch ist das vorliegende Randwertproblem von der gleichen Bauart wie jenes, siehe (2.2), für das rein mechanische Zweifeldsystem. Zur Untersuchung der freien Schwingungen werden die isochronen Produktansätze

$$w(z,t) = \hat{W}(z)e^{i\omega t}, \quad \Phi(z,t) = \hat{P}(z)e^{i\omega t}$$

verwendet. Sie führen mit der dimensionslosen Ortskoordinate $\zeta = z/\ell$, den dimensionslosen Variablen $W = \hat{W}/\ell$ und $P = \hat{P}/(c_0\ell)$ dem Verhältnis $\kappa = c_S/c_0$ der Schallgeschwindigkeiten von Fluid und Stab, den Verhältnissen $\beta = \ell_1/\ell$ von Stab- und Gesamtlänge und $\varepsilon = \rho_0/\rho_S$ von Fluid- und Stabdichte sowie dem Eigenwert $\lambda^2 = \omega^2 \ell^2/c^2$ auf das zugehörige Eigenwertproblem

$$W'' + \left(\frac{\lambda}{\kappa}\right)^2 W = 0, \quad P'' + \lambda^2 P = 0,$$

$$W(0) = 0, \quad \kappa^2 W'(\beta) - i\varepsilon\lambda P(\beta) = 0, \quad P'(\beta) - i\lambda W(\beta) = 0, \quad P'(1) = 0.$$

$$(2.32)$$

Die Differenzialgleichungen sind beide vom Schwingungstyp, sodass ihre Lösungen

$$W(\zeta) = A \sin\left(\frac{\lambda\zeta}{\kappa}\right) + B \cos\left(\frac{\lambda\zeta}{\kappa}\right), \quad P(\zeta) = C \sin(\lambda\zeta) + D \cos(\lambda\zeta)$$

auf der Hand liegen. Die Anpassung an die vier Randbedingungen liefert ein homogenes algebraisches Gleichungssystem für A, B, C, D. Als notwendige Bedingung für nichttriviale Lösungen $A, B, C, D \neq 0$ hat man die zugehörige Systemdeterminante null zu setzen, und dies ist die Eigenwertgleichung

$$\cos\left(\frac{\lambda\beta}{\kappa}\right)\sin[(1-\beta)\lambda] + \varepsilon\kappa^2 \sin\left(\frac{\lambda\beta}{\kappa}\right)\cos[(1-\beta)\lambda] = 0 \qquad (2.33)$$

zur Bestimmung der zwei Mal abzählbar unendlich vielen reellen Eigenwerte λ_k ($k = 1, 2, \ldots, \infty$). Obwohl das über einen Exponentialansatz erhaltene Eigenwertproblem komplexe Koeffizienten in den Randbedingungen besitzt, ergeben sich reelle, nicht verschwindende Eigenwerte. Die Eigenwertgleichung ist allerdings im Allgemeinen nur noch numerisch lösbar, für $\varepsilon \ll 1$ kann beispielsweise auch eine Störungsrechnung zur näherungsweisen Lösung herangezogen werden. Für $\varepsilon = 0$ sind die beiden Eigenwertprobleme des längsschwingenden Stabes mit unverschiebbarem Ende bei $\zeta = 0$ und freiem Ende bei $\zeta = \beta$,

$$\cos\left(\frac{\lambda\beta}{\kappa}\right) = 0 \quad \Rightarrow \quad \lambda_{1k} = \frac{(2k-1)\pi\kappa}{2\beta}, \quad k = 1, 2, \ldots, \infty,$$

sowie einer reibungsfreien Fluidsäule mit beidseitig bei $\zeta = \beta$ und $\zeta = 1$ schallhartem Abschluss,

$$\sin[(1-\beta)\lambda] = 0 \quad \Rightarrow \quad \lambda_{2k} = \frac{k\pi}{1-\beta}, \quad k = (0), 1, 2, \ldots, \infty,$$

voneinander entkoppelt. Auch der andere Grenzfall $\varepsilon \to \infty$, der allerdings eher akademisch ist, führt auf entkoppelte Eigenwertprobleme. Für den Stab erhält man

$$\sin\left(\frac{\lambda\beta}{\kappa}\right) = 0 \quad \Rightarrow \quad \lambda_{1k} = \frac{k\pi\kappa}{\beta}, \quad k = 1, 2, \ldots, \infty, \qquad (2.34)$$

d. h. den Fall beidseitiger Unverschiebbarkeit bei $\zeta = 0$ und $\zeta = \beta$ sowie für das Fluid

$$\cos[(1-\beta)\lambda] = 0 \quad \Rightarrow \quad \lambda_{2k} = \frac{(2k-1)\pi}{2(1-\beta)}, \quad k = 1, 2, \ldots, \infty, \qquad (2.35)$$

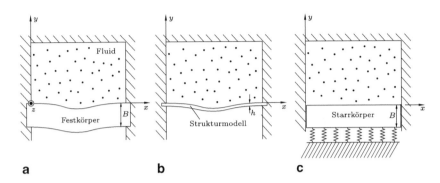

a   **b**   **c**

Abb. 2.3 Ebene fluid-gefüllte Kammer mit starren bzw. elastischen Wänden

d. h. nach wie vor schallharter Abschluss bei $\zeta = 1$, aber schallweicher Abschluss (offenes Ende) bei $\zeta = \beta$. Auf die (qualitative) Lösung und die Interpretation der Ergebnisse wird im weiteren Verlauf dieses Abschnitts noch näher eingegangen.   ∎

Die nächste Komplikationsstufe ist eine ebene Kammer mit den endlichen Abmessungen $0 \le x \le L$, $0 \le y \le H$, gefüllt mit einem im Allgemeinen kompressiblen, reibungsbehafteten Fluid in Wechselwirkung mit den als Festkörper modellierten Wänden. Im einfachsten Fall sind drei der begrenzenden Wände starr und die vierte ein flexibler Festkörper, siehe die entsprechenden Projektionen in die x, y-Ebene gemäß Abb. 2.3. Ein wirkliches Zweifeldsystem mit Oberflächenkopplung liegt nur dann vor, wenn der Festkörper eine endliche Dicke B besitzt, siehe Abb. 2.3a. Dann sind die entkoppelten Feldgleichungen von Fluid und Festkörper über Übergangsbedingungen an der Grenzfläche zwischen beiden Subsystemen gekoppelt. In z-Richtung sollen dabei vereinfachend keine Schwingungsvariablen auftreten, und auch die z-Abhängigkeit der verbleibenden Feldgrößen soll keine Rolle spielen.

Einfacher wird die Problemstellung, wenn der flexible Festkörper eine Dicke besitzt, die klein gegenüber seinen anderen Abmessungen ist, wie dies bei einer dünnen Platte oder einer membranartigen Begrenzung der Fall ist, siehe Abb. 2.3b. Weiter vereinfacht sich das System, siehe Abb. 2.3c, wenn die Wand als elastisch gebetteter starrer Körper mit einem Translationsfreiheitsgrad in y-Richtung angesehen wird [29]. Dieser Fall wird zunächst behandelt.

Abb. 2.4 Ebene fluid-gefüllte
Kammer mit elastisch gebettem
Starrkörper

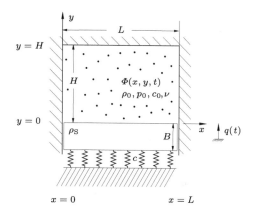

Beispiel 2.3

Es geht dann um die Koppelschwingungen eines zähen kompressiblen Fluids
(Ruhedichte ρ_0, Schallgeschwindigkeit c_0, Zähigkeit ν) und eines Strukturmodells (Dichte ρ_S, elastische Bettung pro Fläche c) in y-Richtung, siehe Abb. 2.4.
Das beschreibende lineare Randwertproblem ist durch

$$\Phi_{,tt} - c_0^2\,\Phi_{,yy} - \frac{4v}{3}\Phi_{,yyt} = 0,$$

$$\Phi_{,y}(0,t) = \dot{q}, \quad \Phi_{,y}(H,t) = 0 \;\forall t \ge 0, \qquad (2.36)$$

$$\rho_S B\ddot{q} + cq - \rho_0\Phi_{,t}(0,t) + \frac{4v}{3}\rho_0\Phi_{,yy}(0,t) = 0$$

gegeben. Die eigentlichen Bewegungsgleichungen sind die 1-parametrige Wellengleichung des zähen Fluids, ausgedrückt durch dessen Geschwindigkeitspotenzial $\Phi(y,t)$, und eine gewöhnliche Differenzialgleichung in der Querauslenkung $q(t)$ des elastisch gestützten Körpers. Im Rahmen der hier verfolgten
linearen Theorie tritt die Kopplung zum einen über die kinematischen Randbedingung des Fluids an seiner durch den Starrkörper abgeschlossenen Begrenzung bei
$y = 0$ in Erscheinung und zum anderen als Druckbelastung des 1-Freiheitsgrad-
Oszillators aus Starrkörper und Feder. Dabei tritt nicht nur der Fluiddruck
$p = -\rho_0\Phi_{,t}$ auf, sondern noch ein Zusatzterm infolge Fluidzähigkeit. Vergleichend mit dem Randwertproblem (2.31) ist das vorliegende offensichtlich noch
etwas einfacher, weil hier anstelle einer partiellen Differenzialgleichung zur Beschreibung der Struktur eine gewöhnliche Einzeldifferenzialgleichung getreten

ist. Die Vorgehensweise zur Lösung bleibt im Wesentlichen ungeändert. Zur einfacheren Handhabung empfiehlt sich eine dimensionslose Schreibweise. Dazu werden die dimensionslosen Variablen

$$\zeta = \frac{y}{H}, \quad \tau = \frac{c_0}{H}t, \quad \hat{q} = \frac{q}{H}, \quad \hat{\Phi} = \frac{1}{c_0 H}\Phi$$

und Parameter

$$\kappa^2 = \frac{cH^2}{\rho_S B c_0^2}, \quad \alpha = \frac{H}{B}, \quad \varepsilon = \frac{\rho_0}{\rho_S}, \quad \text{Re} = \frac{3Hc_0}{2\nu}$$

eingeführt. Setzt man in das damit folgende dimensionslose Randwertproblem erneut isochrone Produktansätze

$$\hat{q}(\tau) = C_0 e^{i\lambda\tau}, \quad \hat{\Phi}(\zeta, \tau) = P(\zeta)e^{i\lambda\tau} \tag{2.37}$$

ein, erhält man das zugehörige Eigenwertproblem

$$P'' + \bar{\lambda}^2 P = 0, \quad \bar{\lambda}^2 = \frac{\lambda^2}{1 + \frac{2}{\text{Re}}i\lambda}$$

$$P'(0) = i\lambda c_0 C_0, \quad P'(1) = 0, \tag{2.38}$$

$$(\kappa^2 - \lambda^2)C_0 - \frac{\varepsilon\alpha}{c_0}\left[i\lambda P(0) + \frac{2}{\text{Re}}P''(0)\right] = 0.$$

Elimination der Konstanten C_0 durch die kinematische Übergangsbedingung bei $\zeta = 0$ führt auf das kondensierte Eigenwertproblem

$$P'' + \bar{\lambda}^2 P = 0,$$

$$(\kappa^2 - \lambda^2)P'(0) - i\lambda\varepsilon\alpha\left[i\lambda P(0) + \frac{2}{\text{Re}}P''(0)\right] = 0, \quad P'(1) = 0. \tag{2.39}$$

Die allgemeine Lösung der Differenzialgleichung

$$P(\zeta) = A\sin\bar{\lambda}\zeta + B\cos\bar{\lambda}\zeta$$

liefert nach Anpassen an die in (2.39) verbliebenen Randbedingungen als verschwindende Systemdeterminante des algebraischen homogenen Gleichungssystems für A und B die zugehörige strenge Eigenwertgleichung

$$(\kappa^2 - \lambda^2)\sin\bar{\lambda} + \varepsilon\alpha\left(1 + \frac{2}{\text{Re}}i\lambda\right)\bar{\lambda}\cos\bar{\lambda} = = 0 \tag{2.40}$$

zur Bestimmung der abzählbar unendlich vielen Eigenwerte λ_k ($k =$ 1, 2, ..., ∞), die wegen des berücksichtigten Reibungseinflusses im Allgemeinen komplexwertig sind. Wieder lassen sich eine Reihe von Grenzfällen extrahieren. Für ein verschwindendes Verhältnis $\varepsilon\alpha \to 0$ von Fluid- und Starrkörpermasse findet man den Eigenwert

$$\lambda_{00} = \kappa$$

des im Vakuum schwingenden Starrkörpers und die Eigenwertgleichung

$$\sin \bar{\lambda} = \sin \frac{\lambda}{\sqrt{1 + \dfrac{2}{\mathrm{Re}}\mathrm{i}\lambda}} = 0$$

des Fluids zwischen starren Wänden mit dem Eigenwertspektrum

$$\lambda_{0k} = \mathrm{i}\frac{k^2\pi^2}{\mathrm{Re}} + k\pi\sqrt{1 - \left(\frac{k\pi}{\mathrm{Re}}\right)^2}, \quad k = (0), 1, 2, \ldots, \infty.$$

Ein zweiter Grenzfall liegt für den Fall eines reibungsfreien, kompressiblen Fluids vor, d. h. $1/\mathrm{Re} \to 0$ für $\varepsilon\alpha \neq 0$:

$$(\kappa^2 - \lambda^2)\sin\lambda + \varepsilon\alpha\lambda\cos\lambda = 0. \tag{2.41}$$

Es treten ausschließlich reelle Eigenwerte auf. Die Eigenwertgleichung ist das vereinfachte Analogon zur Eigenwertgleichung (2.33) des zu Anfang dieses Abschnitts diskutierten Luftfedermodells und hat anstatt der damals $2 \cdot \infty$ vielen Eigenwerte nur noch $1 + \infty$ viele. Allerdings ist auch (2.41) im Allgemeinen nur numerisch zu lösen. Geht zusätzlich noch $\varepsilon\alpha \to 0$, dann hat man die Eigenwerte

$$\lambda_{00} = \kappa \text{ und } \lambda_{0k} = k\pi, \quad k = (0), 1, 2, \ldots, \infty.$$

Der dritte und letzte Grenzfall ergibt sich für stark überwiegende Fluidmasse $\varepsilon\alpha \to \infty$, der ähnliche Ergebnisse wie (2.34) und (2.35) liefert. Abschließend zum bisherigen Diskussionsstand ist in Abb. 2.5 das Eigenwertspektrum des zweiten Grenzfalles als Funktion des Steifigkeitsverhältnisses κ von Struktur und Fluid aufgezeichnet. Um die Wechselwirkung der behandelten Fluid-Struktur-Koppelschwingungen besser zu verstehen, ist das Ergebnis bei vollständiger Entkopplung infolge der Nebenbedingung $\varepsilon\alpha = 0$ ebenfalls eingetragen. Für $\varepsilon\alpha > 0$ kommt es offensichtlich zu keiner Überschneidung der Eigenwertkurven,

Abb. 2.5 Eigenwertspektrum der
Koppelschwingungen gemäß Gl.
(2.41)

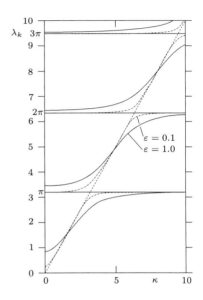

sondern in der Nähe der Schnittpunkte $\lambda_{00} = \kappa$ und λ_{0k} $(k = (0), 1, 2, \ldots, \infty)$ zu einem Abstoßen als Merkmal der dort vorliegenden starken Kopplung der Fluid- und Strukturschwingungen. Dieses typische Verhalten kann auch bei rein mechanischen Systemen auftreten (siehe [43], Beispiel 5.7 des Abschn. 5.2.2) und ist auch von anderen Fluid-Struktur-Wechselwirkungen bekannt, siehe beispielsweise [44]. Während weit von diesem Abstoßungsgebiet entfernt die Kopplung schwach ausgeprägt ist und man dann durchaus von separaten Fluid- und Strukturmoden sprechen kann, ist in der Umgebung der Schnittpunkte eine markante gegenseitige Beeinflussung spürbar mit gleichgewichtig aus Fluid- und Strukturschwingungsamplituden kombinierten Moden. Für ein kleines Massenverhältnis $\varepsilon\alpha$ nähern sich die Eigenwertkurven außerhalb der bezeichneten Gebiete sehr schnell den Eigenwerten λ_{0k} des entkoppelten Fluidsystems. Für ein kleines Steifigkeitsverhältnis κ verlaufen die Eigenwertkurven offensichtlich immer oberhalb der reinen Fluideigenwerte λ_{0k}, für ein großes Steifigkeitsverhältnis dagegen immer unterhalb. Es kommt also bei den Koppelschwingungen kompressibler Fluide und elastischer Festkörper zu keinem eindeutigen »added mass«-Effekt als Absenkung der Strukturkreisfrequenzen durch die mitschwingende Fluidmasse. Berücksichtigt man Reibungseinflüsse des Fluids, treten komplexe Eigenwerte mit Real- und Imaginärteil auf. Man stellt fest [29], dass alle Imaginärteile positiv und alle zugehörigen Eigenschwingungen damit

gedämpft sind sowie für kleine Zähigkeit $2/\mathrm{Re} \ll 1$ die Realteile nur wenig
von den Eigenwerten des ungedämpften Systems abweichen.

Zum Schluss soll noch eine kurze Diskussion der dynamischen Wechselwirkung der Struktur mit einer unendlich dicken Fluidschicht erfolgen. Man kann
diesem Fall durch Weglassen der kinematischen Randbedingung des Fluids an
der starren Wand Rechnung tragen [29]. Verwendet man innerhalb des dimen-
sionslos gemachten Randwertproblems (2.36) anstatt des Schwingungsansatzes
(2.37) einen modifizierten Ansatz

$$\hat{q}(\tau) = C_0 e^{i\lambda\tau}, \quad \hat{\Phi}(\zeta, \tau) = P_0 e^{i(\lambda\tau - \hat{k}\zeta)},$$

worin neben dem Eigenwert λ nunmehr auch die (dimensionslose) Wellenzahl
$\hat{k}$ zu ermitteln ist, so ergeben sich wieder nach Elimination von C_0 aus der
kinematischen Übergangsbedingung die beiden Bestimmungsgleichungen

$$-\lambda^2 + \hat{k}^2 \left(1 + \frac{2}{\mathrm{Re}} i\lambda \right) = 0, \quad \kappa^2 - \lambda^2 + \varepsilon\alpha i\hat{k} \left(1 + \frac{2}{\mathrm{Re}} i\lambda \right) = 0.$$

Eliminiert man die Wellenzahl $\hat{k}$, erhält man die Einzelgleichung

$$-\lambda^2 + \kappa^2 + i\varepsilon\alpha\lambda \sqrt{1 + \frac{2}{\mathrm{Re}} i\lambda} = 0$$

für den gesuchten komplexen Eigenwert λ_{I}. Für ein reibungsfreies Fluid
vereinfacht sich diese Bestimmungsgleichung auf

$$-\lambda^2 + \kappa^2 + i\varepsilon\alpha\lambda = 0$$

mit der analytischen Lösung

$$\lambda_{\mathrm{I}} = i\frac{\varepsilon\alpha}{2} + \lambda_0 \sqrt{1 - \left(\frac{\varepsilon\alpha}{2\lambda_0} \right)^2}.$$

Offenbar tritt trotz reibungsfreien Fluids ein durch $\Im\{\lambda_{\mathrm{I}}\}$ gekennzeichneter
Dämpfungseffekt auf, ein seit langem wohlbekanntes Phänomen [17]. Neben
der dadurch verursachten Abschwächung der Wellenamplitude P_0, die mit wachsender Fluidmasse $\varepsilon\alpha$ linear zunimmt, tritt jetzt auch ein ausgeprägter Effekt der
mitschwingenden Fluidmasse auf: Die dimensionslose Eigenkreisfrequenz als
$\Re\{\lambda_{\mathrm{I}}\}$ nimmt mit wachsender Fluidmasse $\varepsilon\alpha$ monoton ab und kann sogar null
werden.

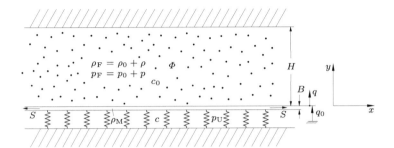

Abb. 2.6 Ebener Kanal mit elastisch gebetteter Membranwand

Sämtliche Ergebnisse lassen sich auf das anfangs diskutierte »echte« Zweifeldsystem des Luftfedermodells übertragen mit zwei Änderungen. Die erste ist unwesentlich: Die horizontalen Geraden $\lambda = k\pi$ – charakteristisch für die reinen Fluidschwingungen zwischen zwei starren Wänden – verschieben sich parallel zu ihren neuen Positionen $\lambda = \frac{k\pi}{1-\beta}$. Die andere ist wesentlich: An die Stelle der einen $45°$-Geraden $\lambda = \kappa$, die die Starrkörperfrequenz im Vakuum kennzeichnet, treten nunmehr in dem λ-κ-Diagramm abzählbar unendlich viele Geraden $\lambda = \frac{(2k-1)\pi}{2\beta}\kappa$ unterschiedlicher Steigung, die für entsprechend viele Eigenkreisfrequenzen der entkoppelten Längsschwingungen des einseitig unverschiebbar befestigten, am anderen Ende freien Stabes stehen. Es kommt also anstatt der in Abb. 2.5 ersichtlichen insgesamt $1 \cdot \infty$ vielen Schnittpunkte nunmehr zu $\infty \cdot \infty$ vielen, die im Koppelfall allesamt mit ihrer Umgebung wieder Gebiete starker Kopplung kennzeichnen. Die Erscheinungen vervielfachen sich, bleiben selbst aber ungeändert. ∎

Beispiel 2.4

Als Nächstes wird ein membranartiger Abschluss der fluidgefüllten Kammer gemäß Abb. 2.3b diskutiert. Um den Einfluss einer aufgeprägten Strömungsgeschwindigkeit in seinen wesentlichen Effekten zu erkennen, wird die Kammer gemäß Abb. 2.6 bei unverändert endlicher Höhe H zum in x-Richtung unendlich langen Kanal $-\infty \leq x \leq +\infty$ aufgeweitet [29, 42]. Dafür werden Reibungseinflüsse des Fluids wieder vernachlässigt. Man hat dann einen ebenen Wellenleiter mit unbehinderter Wellenausbreitung in Längsrichtung x und Koppelschwingungen von Fluid (Ruhedichte ρ_0, Schallgeschwindigkeit c_0) und Strukturmodell

(Dichte ρ_M, Dicke B, Vorspannung S, Bettungsziffer c) quer dazu. Die x-Achse wird so gewählt, dass sie im stationären Grundzustand unter äußerem konstanten Umgebungsdruck bei vorhandener Strömung ($U_0\,\vec{e}_x$) aber noch ohne Schwingungen mit der ebenen Begrenzung des Fluids durch die vorgespannte Membran zusammenfällt. Die linearen Bewegungsgleichungen zur Beschreibung kleiner Schwingungen sind die durch die stationäre Strömungsgeschwindigkeit $U_0 = $ const modifizierte ebene Wellengleichung (2.26) des Fluids in seinem Geschwindigkeitspotenzial $\Phi(x, y, t)$ und eine partielle Differenzialgleichung in der Querauslenkung $q(x, t)$ der elastisch gebetteten, elastischen Membran. Ergänzend treten Rand- und Übergangsbedingungen hinzu. Das beschreibende lineare Randwertproblem ist nach diesen Vorüberlegungen durch

$$\Phi_{,tt} + 2U_0\Phi_{,xt} + U_0^2\Phi_{,xx} - c_0^2\nabla^2\Phi = 0,$$

$$\rho_M Bq_{,tt} - Sq_{,xx} + cq - \rho_0\left[\Phi_{,t}(x, 0, t) + U_0\Phi_{,x}(x, 0, t)\right] = 0,$$

$$\Phi_{,y}(x, H, t) = 0, \quad \Phi_{,y}(x, 0, t)$$

$$= q_{,t}(x, t) + U_0 q_{,x}(x, t)\ \forall t \geq 0$$

(2.42)

gegeben. Im Rahmen der beabsichtigten linearen Theorie tritt die Kopplung zum einen über die kinematischen Randbedingung des Fluids an seiner durch die Membran abgeschlossenen Begrenzung bei $y = 0$ auf und zum anderen als Druckbelastung der Membranstruktur. Der Druck ist dabei gemäß der BERNOULLI-Gleichung (2.30) durch die Potenzialfunktion Φ ausgedrückt worden, während die materielle Geschwindigkeit eines Membranteilchens in EULER-Koordinaten neben dem lokalen Anteil $q_{,t}$ einen konvektiven Zusatz $U_0 q_{,x}$ erfordert. Bei dem vorausgesetzten reibungsfreien Fluid ist der Übergang vom kompressiblen zum inkompressiblen Fluid einfach zu vollziehen: Man hat die Wellengleichung (2.42)$_1$ des Fluids durch die erheblich einfachere LAPLACE-Gleichung

$$\nabla^2\Phi = 0$$

(2.43)

zu ersetzen, die Membrangleichung sowie die Rand- und Übergangsbedingungen (2.42)$_{2-4}$ bleiben unverändert gültig. Der für die Praxis wichtigere, aber signifikant komplizertere Fall durchströmter Rohre in Form dünnwandiger Kreiszylinderschalen wird in [22] angesprochen. Analysiert man den inkompressiblen Fall (2.43), (2.42)$_{2-4}$ als den einfachsten im Detail, bilden die Produktansätze

$$\Phi(x, y, t) = P(y)e^{i(-\beta x + \omega t)}, \quad q(x, t) = Ce^{i(-\beta x + \omega t)}$$

in Form einer in positive x-Richtung laufenden harmonischen Welle den geeigneten Startpunkt. Setzt man diese in das Randwertproblem (2.43), $(2.42)_{2-4}$ ein und eliminiert aus der kinematischen Übergangsbedingung $(2.42)_4$ die Konstante C_0, erhält man ein Eigenwertproblem

$$P'' - \beta^2 P = 0,$$

$$P'(H) = 0, \quad (-\rho_M B \omega^2 + S\beta^2 + c)P'(0) + \rho_0(\omega + U_0\beta)^2 P(0) = 0$$

zur Bestimmung von $P(y)$ allein. Hochgestellte Striche bezeichnen an dieser Stelle Ableitungen nach y. Die Lösung der Differenzialgleichung ist

$$P(Y) = A \sinh \beta y + B \cosh \beta y,$$

und die Anpassung an die beiden Randbedingungen bei $y = 0, H$ liefert als notwendige Bedingung für nichttriviale Lösungen $A, B \neq 0$ die verschwindende Determinante

$$\omega^2(\rho_0 \sinh \beta H - \rho_M B\beta \cosh \beta H) + 2\omega U_0 \beta \sinh \beta H = \\ \beta(S\beta^2 + c)\cosh \beta H - \beta^2 U_0 \sinh \beta H \tag{2.44}$$

als Bestimmungsgleichung für die Eigenkreisfrequenz ω bei Vorgabe der Wellenzahl β. Vergleicht man die Rechnung mit entsprechenden Ergebnissen für einen offenen Kanal mit einem strömenden Fluid bei freier Oberfläche im Schwerkraftfeld der Erde, dann erkennt man, dass sich ganz entsprechende Ergebnisse ergeben. Anstatt der freien Oberfläche hat man hier die Wechselwirkung mit der oszillierenden Membranstruktur. Diese prägt dem Fluid bei $y = 0$ seine Schwingbewegung auf, sodass im Fluid eine sich entlang des Kanals ausbreitende Welle entsteht. Mit zunehmendem Abstand von der Membran nimmt die Wellenamplitude ab und wird dann an der starren Wand bei $y = H$ schließlich null. Ohne die Rechnung im Detail weiterzuführen, kann darüber hinaus festgestellt werden, dass bei endlicher Kanallänge $x = L$ die Wellenzahl β nicht mehr beliebig vorgegeben werden kann, sondern die entsprechenden Randbedingungen von Fluid und Membran bei $x = 0, L$ abzählbar unendlich viele ganzzahlige Wellenzahlen β_k ($k = 1, 2, \ldots, \infty$) liefern. Liegt nach wie vor eine endliche Strömungsgeschwindigkeit $U_0 \neq 0$ vor, ähneln die Resultate jenen bei durchströmten Rohren oder Schläuchen, siehe [43], Abschn. 8.3, mit möglichen Instabilitäten [22], wenn U_0 einen kritischen Wert überschreitet. Wird dagegen von einer Strömung abgesehen und physikalisch am realistischsten Fluid und

Membranstruktur bei $x = 0, L$ durch eine starre Wand begrenzt, siehe Abb. 2.3b, dann ergeben sich Erscheinungen, die analog sind zu schwappenden Fluiden bei freier Oberfläche in einem Tank [7]. ∎

Abschließend wird das Mehrfeldproblem der Querschwingungen eines Strukturmodells mit Kreisquerschnitt in zylindrisch berandetem Luftraum angesprochen. Auch dafür gibt es verschiedene Komplikationsstufen: erstens kann man als einfachste Substruktur einen elastisch gebetteten Kreiszylinder nehmen [29], zweitens kann man diesen durch eine querschwingende, beidseitig unverschiebbar befestigte Saite mit Kreisquerschnitt ersetzen [17] oder drittens auch durch einen entsprechend gelagerten schlanken Biegebalken [44]; schließlich ist auch ein 3-dimensionaler flexibler Kreiszylinder denkbar. Der Rechengang ist eine Verallgemeinerung der gerade behandelten ebenen Probleme. Bei Berücksichtigung von Fluidreibung sind an der Grenzfläche von Strukturmodell und Fluid auch erstmals Grenzschichteffekte wirksam, die die Rechnung deutlich erschweren können [28].

2.4 Fluid-Struktur-Wechselwirkung in rotierenden Systemen

In rotierenden Systemen ist die angesprochene rotationssymmetrische Geometrie sehr häufig realisiert. Damit ist auch dieser eigentlich komplizertere Fall oft noch analytischen Rechenverfahren zugänglich, beispielsweise zur Untersuchung eines klassischen Stabilitätsproblems der Hydrodynamik [31] oder auch beim Studium der hydrodynamischen Schmierfilmtheorie gleitgelagerter Rotoren [23], selbst bei endlicher Dicke des Ringspaltes [15]. Hier wird eine Aufgabenstellung diskutiert, die Aspekte beider erwähnten Probleme berührt. Es geht dabei um einen Rotor und einen Stator mit einem Ringspalt, der mit einem zähen Fluid gefüllt ist, siehe Abb. 2.7.

Der Rotor ist ein unendlich langer, unwuchtfreier, starrer Kreiszylinder (Dichte ρ_Z, Radius R_i), der mit konstanter Winkelgeschwindigkeit Ω umläuft. Als Stator dient ein ebenfalls unendlich langer, starrer Hohlzylinder (Radius R_a). Der Innenzylinder ist elastisch isotrop gebettet (Steifigkeit pro Länge c); in koaxialer Lage der Zylinder ist die Bettung vollkommen spannungslos. Der Ringspalt ist im vorliegenden Fall vollständig mit einer *inkompressiblen* zähen NEWTONschen Flüssigkeit (Dichte ρ_F, dynamische Zähigkeit η) gefüllt, die Temperatur wird konstant gehalten. Es wird stets eine laminare Bewegung des Fluids vorausgesetzt, an den Oberflächen

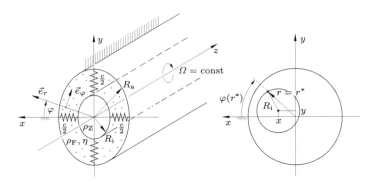

Abb. 2.7 Koaxiales zylindrisches Rotor-Stator-System

der Zylinder gilt die Haftbedingung. Die dreidimensionale Fluidströmung (Geschwindigkeiten $u(r, \varphi, z, t)$, $v(r, \varphi, z, t)$, $w(r, \varphi, z, t)$ und Druck $p(r, \varphi, z, t)$) wird in einer stationären zylindrischen Basis $(\vec{e}_r \vec{e}_\varphi \vec{e}_z)$ beschrieben, die Querschwingungen $x(t)$, $y(t)$ des Innenzylinders in dem zugeordneten inertialen kartesischen Bezugssystem $(\vec{e}_x \vec{e}_y \vec{e}_z)$. Die z-Achse ist gemeinsame Längsachse des Systems in der koaxialen Lage der beiden Zylinder. Die maßgebenden dynamischen Grundgleichungen sind die degenerierte Kontinuitätsgleichung und die NAVIER-STOKES-Gleichungen

$$\nabla \cdot \vec{v} = 0, \qquad \rho_F \vec{v}_{,t} + \nabla p - \frac{\eta}{3} \nabla(\nabla \cdot \vec{v}) - \eta \nabla^2 \vec{v} = 0, \qquad (2.45)$$

die zusammen das Geschwindigkeits- und das Druckfeld vollständig bestimmen, wenn man hier auf die Einführung des Geschwindigkeitspotenzials verzichtet. Hinzu treten als dynamische Übergangsbedingungen zwei gewöhnliche Differenzialgleichungen

$$\pi R_i^2 \rho_Z \ddot{x} + cx + \int_0^{2\pi} (\sigma_{r\varphi} \sin \varphi - \sigma_{rr} \cos \varphi)_{r=r^*} R_i \, d\varphi = 0,$$

$$\pi R_i^2 \rho_Z \ddot{y} + cy - \int_0^{2\pi} (\sigma_{rr} \sin \varphi + \sigma_{r\varphi} \cos \varphi)_{r=r^*} R_i \, d\varphi = 0$$

$$\text{mit } r^* = x \cos \varphi + y \sin \varphi + \sqrt{R_i^2 - (x \sin \varphi - y \cos \varphi)^2}$$

$$\approx R_i + x \cos \varphi + y \sin \varphi \text{ für } |x|, |y| \ll R_i,$$

$$(2.46)$$

für die allgemeine Translationsbewegung des Innenzylinders ohne Neigung und auch ohne zusätzlichen Drehfreiheitsgrad. Sie machen die Schwierigkeiten des Wechselwirkungsproblems aus, denn sie beeinflussen unmittelbar den Innenrand des Flüssigkeits-Kontrollvolumens. Er wird nämlich durch $r = R_i$ nicht ausreichend genau beschrieben, siehe nochmals Abb. 2.7, sondern liegt bei $r = r^*$ als komplizierte geometrisch nichtlineare Eigenheit der Kopplung bei endlichen Verschiebungen. Und diese endlichen Verschiebungen müssen hier berücksichtigt werden, weil eine nichttriviale Grundbewegung existiert, die es vor einer Schwingungsanalyse zu berechnen gilt. Daneben tragen auch die kinematischen Übergangsbedingungen

$$u(R_i + x \cos\varphi + y \sin\varphi, \varphi, z, t) = \dot{x} \cos\varphi + \dot{y} \sin\varphi,$$

$$v(R_i + x \cos\varphi + y \sin\varphi, \varphi, z, t) = \Omega R_i - \dot{x} \sin\varphi + \dot{y} \cos\varphi, \tag{2.47}$$

$$w(R_i + x \cos\varphi + y \sin\varphi, \varphi, z, t) = 0 \ \forall t \geq 0$$

zur Kopplung bei. Die kinematischen Randbedingungen am Außenzylinder

$$u(R_a, \varphi, z, t) = v(R_a, \varphi, z, t) = w(R_a, \varphi, z, t) = 0 \ \forall t \geq 0 \tag{2.48}$$

beschließen das mathematische Modell, wobei die Normal- und Schubspannungen als

$$\sigma_{rr} = -p + 2\eta u_{,r} - \frac{2\eta}{3}\left(u_{,r} + \frac{u}{r} + \frac{u_{,\varphi}}{r} + w_{,z}\right), \quad \sigma_{r\varphi} = \eta\left(v_{,r} - \frac{v}{r} + \frac{u_{,\varphi}}{r}\right) \tag{2.49}$$

erklärt sind. Führt man zur Vereinfachung dimensionslose Variablen

$$\bar{r} = \frac{r}{R_a - R_i}, \quad \bar{t} = \frac{\Omega R_i}{R_a - R_i}t, \quad \bar{x} = \frac{x}{R_a - R_i}, \quad \bar{y} = \frac{y}{R_a - R_i}, \quad \bar{z} = \frac{z}{R_a - R_i}$$

$$\bar{p} = \frac{p}{R_i^2 \Omega^2 \rho_F}, \quad \bar{u} = \frac{u}{R_i \Omega}, \quad \bar{v} = \frac{v}{R_i \Omega}, \quad \bar{w} = \frac{w}{R_i \Omega} \tag{2.50}$$

und Kennzahlen

$$\alpha = \frac{R_a - R_i}{R_i}, \quad \delta = \frac{\rho_F}{\rho_Z}, \quad \gamma = \frac{c\rho_F R_i^2}{\pi \eta^2}, \quad \text{Re} = \frac{\alpha R_i^2 \Omega \rho_F}{\eta} \tag{2.51}$$

ein, erhält man nach Einsetzen in das ursprüngliche Randwertproblem (2.45)– (2.48) unter Weglassen der in (2.50) verwendeten Querstriche das nunmehr dimensionslose Randwertproblem

$$u_{,r} + \frac{u}{r} + \frac{v_{,\varphi}}{r} + w_{,z} = 0,$$

$$\left(u_{,t} + uu_{,r} + \frac{vu_{,\varphi}}{r} + wu_{,z} - \frac{v^2}{r}\right) = -p_{,r} + \frac{1}{\mathrm{Re}}\left(\nabla^2 u - \frac{u}{r^2} - \frac{2v_{,\varphi}}{r^2}\right),$$

$$\left(v_{,t} + uv_{,r} + \frac{uv_{,\varphi}}{r} + wv_{,z} + \frac{uv}{r}\right) = -\frac{p_{,\varphi}}{r} + \frac{1}{\mathrm{Re}}\left(\nabla^2 v - \frac{v}{r^2} + \frac{2u_{,\varphi}}{r^2}\right),$$

$$\left(w_{,t} + uw_{,r} + \frac{vw_{,\varphi}}{r} + ww_{,z}\right) = -p_{,z} + \frac{1}{\mathrm{Re}}\nabla^2 w,$$

$$\ddot{x} + \frac{\delta\gamma\alpha^4}{\mathrm{Re}^2}x + \frac{\delta\alpha}{\pi}\int_0^{2\pi}\left\{\frac{1}{\mathrm{Re}}\left(v_{,r} - \frac{v}{r} + \frac{u_{,\varphi}}{r}\right)\sin\varphi\right.$$

$$\left.- \left[-p + \frac{2}{3\mathrm{Re}}\left(2u_{,r} + \frac{u}{r} + \frac{v_{,\varphi}}{r} + w_{,z}\right)\right]\cos\varphi\right\}_{r=r^*}\,\mathrm{d}\varphi = 0,$$

$$\ddot{y} + \frac{\delta\gamma\alpha^4}{\mathrm{Re}^2}y + \frac{\delta\alpha}{\pi}\int_0^{2\pi}\left\{\frac{1}{\mathrm{Re}}\left(v_{,r} - \frac{v}{r} + \frac{u_{,\varphi}}{r}\right)\cos\varphi\right.$$

$$\left.- \left[-p + \frac{2}{3\mathrm{Re}}\left(2u_{,r} + \frac{u}{r} + \frac{v_{,\varphi}}{r} + w_{,z}\right)\right]\sin\varphi\right\}_{r=r^*}\,\mathrm{d}\varphi = 0,$$

$$u\left(\frac{1}{\alpha} + x\cos\varphi + y\sin\varphi, \varphi, z, t\right) = \dot{x}\cos\varphi + \dot{y}\sin\varphi,$$

$$v\left(\frac{1}{\alpha} + x\cos\varphi + y\sin\varphi, \varphi, z, t\right) = 1 - \dot{x}\sin\varphi + \dot{y}\cos\varphi,$$

$$w\left(\frac{1}{\alpha} + x\cos\varphi + y\sin\varphi, \varphi, z, t\right) = 0 \ \forall t \geq 0,$$

$$u\left(\frac{1+\alpha}{\alpha}, \varphi, z, t\right) = v\left(\frac{1+\alpha}{\alpha}, \varphi, z, t\right) = w\left(\frac{1+\alpha}{\alpha}, \varphi, z, t\right) = 0.$$

(2.52)

Bei schmalem Spalt $\alpha \ll 1$ wird zweckmäßig ein verschobenes Bezugssystem benutzt, das auf der Transformation $r = 1/\alpha + 1/2 + \zeta$ beruht und einige Vereinfachungen nach sich zieht: die Ränder $r = 1/\alpha$ und $r = (1+\alpha)/\alpha$ werden jetzt durch $\zeta = -1/2$ und $\zeta = +1/2$ gekennzeichnet, und auch die Ableitungen sind in der Form $(\,.\,)_{,r} \to (\,.\,)_{,\zeta}, (\,.\,)_{,rr} \to (\,.\,)_{,\zeta\zeta}, (\,.\,)/r = \alpha(\,.\,)$ und $(\,.\,)/r^2 = \alpha^2(\,.\,) \approx 0$ zu modifizieren. Die allgemeine Lösung des Problems wird sodann über

$$x(t) = 0 + \Delta x(t), \quad y(t) = 0 + \Delta y(t), \quad \Delta q(r, \varphi, z, t)$$

$$= q_0(r) + \Delta q(r, \varphi, z, t), \quad \Delta q \in u, v, w, p$$

(2.53)

aus Grundbewegung $q_0(r)$ und überlagerten kleinen Störungen $\Delta x(t)$, $\Delta y(t)$, $\Delta q(r, \varphi, z, t)$ zusammengesetzt, wobei von den Geschwindigkeiten u_0, v_0, w_0 auch nur die Umfangskomponente $v_0(r)$ ungleich null ist, während die beiden anderen in radialer und axialer Richtung, u_0, w_0, identisch verschwinden. Nach Einsetzen des Lösungsansatzes (2.53) in das zu lösende Randwertproblem (2.52) verbleibt ein drastisch vereinfachtes, zeitunabhängiges Randwertproblem

$$\frac{v_0^2}{r} = p_{0,r}, \quad v_{0,rr} + \frac{v_{0,r}}{r} - \frac{v_0^2}{r^2} = 0,$$

$$v_0\left(\tfrac{1}{\alpha}\right) = 1, \quad v_0\left(\tfrac{1+\alpha}{\alpha}\right) = 0 \tag{2.54}$$

zur Berechnung der stationären COUETTE-Strömung und das linearisierte Randwertproblem

$$\Delta u_{,r} + \frac{\Delta u}{r} + \frac{\Delta v_{,\varphi}}{r} + \Delta w_{,z} = 0,$$

$$\Delta u_{,t} + \frac{v_0}{r}\left(\Delta u_{,\varphi} - 2\Delta v\right) = -\Delta p_{,r} + \frac{1}{\mathrm{Re}}\left(\nabla^2 \Delta u - \frac{\Delta u}{r^2} - \frac{2\Delta v_{,\varphi}}{r^2}\right),$$

$$\Delta v_{,t} + \left(v_{0,r} + \frac{v_0}{r}\right)\Delta u + \frac{v_0 \Delta v_{,\varphi}}{r} = -\frac{\Delta p_{,\varphi}}{r} + \frac{1}{\mathrm{Re}}\left(\nabla^2 \Delta v - \frac{\Delta v}{r^2} + \frac{2\Delta u_{,\varphi}}{r^2}\right),$$

$$\Delta w_{,t} + \frac{v_0 \Delta w_{,\varphi}}{r} = -\Delta p_{,z} + \frac{1}{\mathrm{Re}}\nabla^2 \Delta w,$$

$$\Delta \ddot{x} + \frac{\delta \gamma \alpha^4}{\mathrm{Re}^2}\Delta x + \frac{\delta \alpha}{\pi}\int_0^{2\pi}\left\{\left[\left(\Delta p - \frac{2\Delta u_{,r}}{\mathrm{Re}}\right)\cos\varphi\right.\right.$$

$$+ \frac{1}{\mathrm{Re}}\left(\Delta v_{,r} - \frac{\Delta v}{r} + \frac{\Delta u_{,\varphi}}{r}\right)\sin\varphi\Bigg]_{\frac{1}{\alpha}} + \Big[p_{0,r}\cos\varphi$$

$$+ \frac{1}{\mathrm{Re}}\left(2v_{0,rr} - \left(\frac{v_0}{r}\right)_{,r}\right)\sin\varphi\Bigg]_{\frac{1}{\alpha}}(\Delta x\cos\varphi + \Delta y\sin\varphi)\Bigg\}\,d\varphi = 0,$$

$$\Delta \ddot{y} + \frac{\delta \gamma \alpha^4}{\mathrm{Re}^2}\Delta y + \frac{\delta \alpha}{\pi}\int_0^{2\pi}\left\{\left[\left(\Delta p - \frac{2\Delta u_{,r}}{\mathrm{Re}}\right)\sin\varphi\right.\right.$$

$$- \frac{1}{\mathrm{Re}}\left(\Delta v_{,r} - \frac{\Delta v}{r} + \frac{\Delta u_{,\varphi}}{r}\right)\cos\varphi\Bigg]_{\frac{1}{\alpha}} + \Big[p_{0,r}\sin\varphi$$

$$- \frac{1}{\mathrm{Re}}\left(2v_{0,rr} - \left(\frac{v_0}{r}\right)_{,r}\right)\cos\varphi\Bigg]_{\frac{1}{\alpha}}(\Delta x\cos\varphi + \Delta y\sin\varphi)\Bigg\}\,d\varphi = 0,$$

$$\Delta u\left(\frac{1}{\alpha}, \varphi, z, t\right) = \Delta \dot{x}\cos\varphi + \Delta \dot{y}\sin\varphi, \quad \Delta w\left(\frac{1}{\alpha}, \varphi, z, t\right) = 0,$$

$$\Delta v \left(\frac{1}{\alpha}, \varphi, z, t \right) + v_{0,r} \left(\frac{1}{\alpha}, \varphi, z, t \right) (\Delta x \cos \varphi + \Delta y \sin \varphi) =$$
$$- \Delta \dot{x} \sin \varphi + \Delta \dot{y} \cos \varphi,$$

$$\Delta u \left(\frac{1+\alpha}{\alpha}, \varphi, z, t \right) = \Delta v \left(\frac{1+\alpha}{\alpha}, \varphi, z, t \right) = \Delta w \left(\frac{1+\alpha}{\alpha}, \varphi, z, t \right) = 0 \; \forall t \geq 0,$$

$$\Delta u, \Delta v, \Delta w, \Delta p \; 2\pi - \text{periodisch in } \varphi$$

$$(2.55)$$

als Variationsgleichungen. Vergleichend mit der korrespondierenden klassischen Problematik eines unverschiebbar gelagerten rotierenden Innenzylinders ist das Randwertproblem (2.54) zur Beschreibung der Grundbewegung ungeändert. Wie dort gibt es ein Strömungsprofil, das durch

$$v_0(r) = \frac{r}{2+\alpha} \left[\frac{(1+\alpha)^2}{\alpha^2 r^2} - 1 \right], \quad p_{0,r} = \frac{v_0^2}{r} \Rightarrow p_0(r) \qquad (2.56)$$

bestimmt ist und für einen schmalen Spalt in

$$v_0(\zeta) = \frac{1}{2} - \zeta, \quad p_{0,\zeta} = \alpha v_0^2 \Rightarrow p_0(\zeta) \qquad (2.57)$$

übergeht. Interessant ist die Frage, ob diese Grundbewegung einer Strömung in Umfangsrichtung stabil ist. Die Antwort geben die Variationsgleichungen (2.55). Im Falle des unverschiebbar gelagerten Rotors ist die Antwort selbst für endliche Spaltbreite seit längerem bekannt. Im Falle des elastisch gebetteten Rotors sind die beschreibenden Stabilitätsgleichungen (2.55) in [14] für eine inkompressible Flüssigkeit und in [15] auch für den kompressiblen Fall erschöpfend untersucht worden. Um die t- und die z-Abhängigkeit zu separieren, verwendet man einen Ansatz

$$\Delta q(r, \varphi, z, t) = Q(r, \varphi) e^{\alpha \lambda t + ikz}, \quad q \in \{u, v, p\}, \quad Q \in \{U, V, P\},$$

$$\Delta w(r, \varphi, z, t) = -iW(r, \varphi) e^{\alpha \lambda t + ikz}, \quad \Delta x(t) = X e^{\alpha \lambda t}, \quad \Delta y(t) = Y e^{\alpha \lambda t}$$

und erhält nach Einsetzen

$$U_{,r} + \frac{U}{r} + \frac{V_{,\varphi}}{r} + kW = 0,$$

$$\alpha\lambda U + \frac{v_0}{r}\left(U_{,\varphi} - 2V\right) = -P_{,r} + \frac{1}{\mathrm{Re}}\left(\nabla^2_{r\varphi}U - k^2U - \frac{U}{r^2} - \frac{2V_{,\varphi}}{r^2}\right),$$

$$\alpha\lambda V + \left(v_{0,r} + \frac{v_0}{r}\right)U + \frac{v_0 V_{,\varphi}}{r} = -\frac{P_{,\varphi}}{r} + \frac{1}{\mathrm{Re}}\left(\nabla^2_{r\varphi}V - k^2V - \frac{V}{r^2} + \frac{2U_{,\varphi}}{r^2}\right),$$

$$\alpha\lambda W + \frac{v_0 W_{,\varphi}}{r} = kP + \frac{1}{\mathrm{Re}}\left(\nabla^2_{r\varphi}W - k^2W\right),$$

$$\left[(\alpha\lambda)^2 + \frac{\delta\gamma\alpha^4}{\mathrm{Re}^2}\right]X + \frac{\delta\alpha}{\pi}e^{ikz}\int_0^{2\pi}\left\{\left[\left(P - \frac{2U_{,r}}{\mathrm{Re}}\right)\cos\varphi\right.\right.$$

$$+ \frac{1}{\mathrm{Re}}\left(V_{,r} - \frac{V}{r} + \frac{\Delta U_{,\varphi}}{r}\right)\sin\varphi\right]_{\frac{1}{\alpha}} + \left[p_{0,r}\cos\varphi\right.$$

$$+ \left.\frac{1}{\mathrm{Re}}\left(2v_{0,rr} - \left(\frac{v_0}{r}\right)_{,r}\right)\sin\varphi\right]_{\frac{1}{\alpha}}(X\cos\varphi + Y\sin\varphi)\right\}d\varphi = 0,$$

$$\left[(\alpha\lambda)^2 + \frac{\delta\gamma\alpha^4}{\mathrm{Re}^2}\right]Y + \frac{\delta\alpha}{\pi}e^{ikz}\int_0^{2\pi}\left\{\left[\left(P - \frac{2U_{,r}}{\mathrm{Re}}\right)\sin\varphi\right.\right.$$

$$- \frac{1}{\mathrm{Re}}\left(V_{,r} - \frac{V}{r} + \frac{U_{,\varphi}}{r}\right)\cos\varphi\right]_{\frac{1}{\alpha}} + \left[p_{0,r}\sin\varphi\right.$$

$$- \left.\frac{1}{\mathrm{Re}}\left(2v_{0,rr} - \left(\frac{v_0}{r}\right)_{,r}\right)\cos\varphi\right]_{\frac{1}{\alpha}}(X\cos\varphi + Y\sin\varphi)\right\}d\varphi = 0$$

$$(2.58)$$

mit

$$U\left(\tfrac{1}{\alpha},\varphi\right)e^{ikz} = \alpha\lambda(X\cos\varphi + Y\sin\varphi), \quad W\left(\tfrac{1}{\alpha},\varphi\right) = 0,$$

$$V\left(\tfrac{1}{\alpha},\varphi\right) + v_{0,r}\left(\tfrac{1}{\alpha},\varphi\right)(X\cos\varphi + Y\sin\varphi) = \alpha\lambda(-X\sin\varphi + Y\cos\varphi),$$

$$U\left(\tfrac{1+\alpha}{\alpha},\varphi\right) = V\left(\tfrac{1+\alpha}{\alpha},\varphi\right) = W\left(\tfrac{1+\alpha}{\alpha},\varphi\right) = 0,$$

$$U, V, W, P \quad 2\pi - \text{periodisch in } \varphi.$$

$$(2.59)$$

Zwei Fälle sind zu unterscheiden: 1. die axiale Wellenzahl ist endlich, d. h. $k \neq 0$ oder 2. sie verschwindet identisch, d. h. $k \equiv 0$.

Liegt eine endliche Wellenzahl k vor, erzwingen offenbar die kinematischen Übergangsbedingungen (2.59)$_{1,3}$, dass die Verschiebungen des Rotors verschwinden: $X, Y \equiv 0$. Als Konsequenz tritt keine φ-Abhängigkeit mehr auf und die dynamischen Übergangsbedingungen (2.58)$_{5,6}$ sind identisch erfüllt. Das verbleibende rotationssymmetrische Randwertproblem beschreibt die klassische Instabilität der Grundströmung (2.56) bzw. (2.57) bei unverschiebbar gelagertem Innenzylinder in Form von so genannten TAYLOR-Wirbeln, d. h. in z-Richtung aneinander gereihte, zwischen Rotor und Stator sich ausbildende walzenförmige Strömungsmuster. Dieses Problem ist für eine inkompressible Flüssigkeit auch für beliebige Spaltbreite gelöst [10]. Bei kleiner Spaltbreite $1 + \alpha \to 1$ erhält man das Ergebnis, dass das Quadrat der TAYLOR-Zahl Ta$^2 = \alpha$Re einen kritischen Wert Ta$^2 = 1696$, dem eine axiale Wellenzahl $k = 3.12$ zugeordnet ist, nicht überschreiten darf, damit die Grundströmung stabil bleibt. Steigt die Spaltweite an, steigt die kritische TAYLOR-Zahl an, die zugeordnete Wellenzahl nimmt geringfügig ab.

Eine Fluid-Rotor-Wechselwirkung erfordert eine verschwindende axiale Wellenzahl $k \equiv 0$, d. h. alle orts- und zeitabhängigen Schwingungsvariablen Q ($Q \in U, V, W, P$) sind unabhängig von der axialen z-Koordinate. Die Bewegungsgleichung für $W(r, \varphi)$ ist von den restlichen entkoppelt und stellt kein Stabilitätsproblem dar. Für einen Stabilitätsnachweis ist also allein das Randwertproblem in U, V, P zuständig. Ein Produktansatz

$$Q(r, \varphi) = Q_0(r) + \sum_{n=1}^{\infty} [Q_n(r) \sin n\varphi + \bar{Q}_n(r) \cos n\varphi], \quad Q \in \{U, P\},$$

$$V(r, \varphi) = V_0(r) + \sum_{n=1}^{\infty} [\bar{V}_n(r) \sin n\varphi + V_n(r) \cos n\varphi]$$

führt für jede Indexzahl n ($n = 0, 1, 2, \ldots, \infty$) zu einem separaten Eigenwertproblem in $Q_n, \bar{Q}_n$ ($Q \in \{U, V, P\}$). Innerhalb der dynamischen Übergangsbedingungen (2.58)$_{5,6}$ verschwindet das jeweilige Integral $\int_0^{2\pi} \ldots d\varphi$ für $n \neq 1$ identisch, weil $\int_0^{2\pi} \sin \varphi \sin n\varphi d\varphi = 0$ für $n \neq 1$ gilt. Damit treten in diesen Fällen keine Querbewegungen $x(t), y(t)$ des Rotors auf und erneut ergibt sich keine Wechselwirkung zwischen rotierendem Zylinder und Flüssigkeit. Nur für $n = 1$ sind gekoppelte Fluid-Rotor-Schwingungen möglich. Trotzdem behält das resultierende Eigenwertproblem ortsabhängige Koeffizienten, die die Weiterrechnung komplizieren. Deshalb soll diese nur noch für kleine Spaltweite $\alpha \ll 1$ erfolgen und zwar in Verbindung mit der dann gerechtfertigten Näherung, dass das Strömungsprofil $v_0(\zeta)$ der auf Stabilität zu untersuchenden Grundbewegung vereinfacht wird. Dabei werden im Folgenden Ableitungen nach ζ durch hochgestellte Striche bezeichnet und die Indizierung $n = 1$ wird zur Vereinfachung weggelassen. Im Einzelnen wird neben den Eigenschaften $v_0' = -1, v_0'' = 0$ das Profil selbst durch seinen Mittelwert $v_0(\zeta = 0) = 1/2$ ersetzt, sodass ein Eigenwertproblem mit konstanten Koeffizienten resultiert, bestehend aus sechs Differenzialgleichungen

$$U' + \alpha U - \alpha V = 0, \quad \bar{U}' + \alpha \bar{U} + \alpha \bar{V} = 0,$$

$$\alpha \lambda U - \frac{\alpha}{2}(\bar{U} + 2\bar{V}) + P' - \frac{1}{\text{Re}}(U'' + \alpha U') = 0,$$

$$\alpha \lambda \bar{U} - \frac{\alpha}{2}(U - 2V) + \bar{P}' - \frac{1}{\text{Re}}(\bar{U}'' + \alpha \bar{U}') = 0,$$

$$\alpha \lambda V - \left(\frac{\alpha}{2} - 1\right)\bar{U} + \frac{\alpha}{2}\bar{V} + \alpha P - \frac{1}{\text{Re}}(V'' + \alpha V') = 0,$$

$$\alpha \lambda \bar{V} - \left(\frac{\alpha}{2} - 1\right)U + \frac{\alpha}{2}V - \alpha \bar{P} - \frac{1}{\text{Re}}(\bar{V}'' + \alpha \bar{V}') = 0$$

insgesamt achter Ordnung in ζ und acht zugehörigen Randbedingungen

$$\bar{U}\left(-\tfrac{1}{2}\right) + \alpha \lambda U\left(-\tfrac{1}{2}\right) - \alpha \lambda V\left(-\tfrac{1}{2}\right) = 0, \quad U\left(-\tfrac{1}{2}\right) - \alpha \lambda \bar{U}\left(-\tfrac{1}{2}\right)$$
$$-\alpha \lambda \bar{V}\left(-\tfrac{1}{2}\right) = 0,$$
$$\left[\lambda + (2 + \alpha)\frac{\delta \alpha}{\text{Re}}\right] U\left(-\tfrac{1}{2}\right) - (2 + \alpha)\frac{\delta \alpha}{\text{Re}} V\left(-\tfrac{1}{2}\right) - \frac{\delta}{\text{Re}} V'\left(-\tfrac{1}{2}\right)$$
$$+ \alpha \delta \left(1 + \frac{\gamma \alpha^2}{\text{Re}^2}\right) \left[\bar{U}\left(-\tfrac{1}{2}\right) + \bar{V}\left(-\tfrac{1}{2}\right)\right] + \delta P\left(-\tfrac{1}{2}\right) = 0,$$
$$\left[\lambda + (2 + \alpha)\frac{\delta \alpha}{\text{Re}}\right] \bar{U}\left(-\tfrac{1}{2}\right) - (2 + \alpha)\frac{\delta \alpha}{\text{Re}} \bar{V}\left(-\tfrac{1}{2}\right) - \frac{\delta}{\text{Re}} \bar{V}'\left(-\tfrac{1}{2}\right)$$
$$+ \alpha \delta \left(1 + \frac{\gamma \alpha^2}{\text{Re}^2}\right) \left[U\left(-\tfrac{1}{2}\right) - V\left(-\tfrac{1}{2}\right)\right] + \delta \bar{P}\left(-\tfrac{1}{2}\right) = 0,$$
$$U\left(\tfrac{1}{2}\right) = V\left(\tfrac{1}{2}\right) = \bar{U}\left(\tfrac{1}{2}\right) = \bar{V}\left(\tfrac{1}{2}\right) = 0.$$

Die Rechnung bleibt trotz der Vereinfachungen aufwändig. Grundsätzlich führt ein Exponentialansatz als allgemeine Lösung der Differenzialgleichungen zum Ziel. Die auftretende Dispersionsgleichung zur Bestimmung der Exponenten als Funktion des gesuchten Eigenwertes und die Eigenwertgleichung selbst als verschwinden-de Systemdeterminante beim Anpassen an die Randbedingungen bei $\zeta = \pm 1/2$ sind allerdings nur noch rechnergestützt zu handhaben. Eine in [14] angedeutete iterative Auswertung zeigt, dass eine kritische REYNOLDS-Zahl $\text{Re}_{\text{krit}} \approx 1.7\sqrt{\gamma \alpha^3}$ für $\delta > \alpha$ existiert ($\delta < \alpha$ macht keinen Sinn) und dass dabei $\Im(\lambda) \approx 0.5$ (aber immer $\Im(\lambda) < 0.5$) sowie $\Re(\lambda) = 0$ gilt. Dies bedeutet, dass das Zentrum des In-nenzylinders auf einem Kreis mit konstantem Radius um das Zentrum des Stators umläuft und zwar mit einer Winkelgeschwindigkeit $\omega = \Im(\lambda)\Omega \approx \Omega/2$. Zusammenfassend ist festzustellen, dass es also abhängig von der axialen Wellenzahl zwei unterschiedliche Grenzdrehzahlen und Instabilitätsszenarien gibt und beide von der Spaltbreite α und von der Steifigkeit γ der Bettung abhängen. Tendiert die Steifigkeit der Bettung gegen null, dann wird der gesamte Betriebsbereich Re ≥ 0 instabil. Ist die Bettung dagegen beliebig steif, tritt nur noch Instabilität in Form von TAYLOR-Wirbeln auf.

Gleitgelagerte Rotoren werden analog behandelt, die wesentliche Komplikation besteht darin, dass eine statische Vorbelastung beispielsweise durch das Eigengewicht in Querrichtung zur Rotorachse auftritt, die einen zusätzlichen statischen Druckaufbau im Schmierspalt hervorruft. Andererseits ist der Schmierspalt praktisch immer eng, sodass die Überlegungen zur Fluiddynamik meistens in einer in Umfangsrichtung abgewickelten Schmierspaltgeometrie diskutiert werden können. Eine Erweiterung auf magnetohydrodynamische Fragestellungen ist möglich [27].

Mehrfeldsysteme mit Volumenkopplung 3

Exemplarisch werden im Rahmen einer linearen Theorie thermoelastische Koppelschwingungen einer unendlich ausgedehnten elastischen Schicht endlicher Dicke sowie Längsschwingungen stabförmiger piezoelektrischer Wandler behandelt. Ergänzend werden magnetoelastische Mehrfeldsysteme erläutert, und es werden reversible physikalische Nichtlinearitäten in piezokeramischen Wandlern angesprochen.

3.1 Thermoelastische Koppelschwingungen

Bei thermomechanischen Problemen sind mechanische und thermische Feldgleichungen involviert. Die mechanische Feldgleichung resultiert aus der Impulsbilanz und der maßgebenden Materialgleichung. Die thermische Feldgleichung rührt von der Energiebilanz und der Entropiegleichung her. Berührt sind letztendlich das Verschiebungs- und das Temperaturfeld des betreffenden Festkörpers. Bei thermoelastischen Materialien sind zwei Kopplungseffekte zu beobachten. Der erste Effekt ist das bekannte Phänomen der thermischen Dehnung. Festkörper reagieren auf eine Temperaturerhöhung mit einer räumlichen Expansion und bei Temperaturerniedrigung mit einer Kontraktion. Werden die thermischen Dehnungen behindert, entstehen thermisch induzierte Spannungen. In der betreffenden mechanischen

© Springer Fachmedien Wiesbaden 2014
J. Wauer, *Dynamik verteilter Mehrfeldsysteme*, essentials,
DOI 10.1007/978-3-658-05691-9_3

Abb. 3.1 Beidseitig unendlich
ausgedehnte thermoelastische
Schicht endlicher Dicke

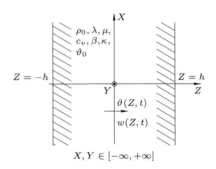

Feldgleichung tritt ein thermischer Kopplungsterm auf. Der zweite Effekt, der auch
GOUGH-JOULE-Effekt genannt wird, beschreibt die durch eine Deformation verur-
sachte reversible Aufheizung oder Abkühlung eines Körpers. Entscheidend ist die
Volumendehnung, Schereffekte haben praktisch keinen Einfluss. In diesem Falle
tritt in der thermischen Feldgleichung ein mechanischer Kopplungsterm auf, der
allerdings sehr klein ist. Hier werden beide Kopplungsterme berücksichtigt, sodass
es zu einer *gegenseitigen* Wechselwirkung kommt.

Die Bilanzgleichungen und die zugehörigen klassisch auftretenden Randbedingungen sind in der Literatur breit diskutiert, sodass im Rahmen einer allgemeinen
synthetischen Herleitung deren Spezifizierung auf das hier interessierende 1-
parametrige System zwanglos vorgenommen werden kann. Abschließend wird auch
eine Variationsformulierung angesprochen.

Dabei werden jedoch keine thermoelastischen (Längs)schwingungen eines
schlanken Stabes diskutiert, weil dann der Einfluss der Umgebungstemperatur zunächst über Betrachtungen an der Mantelfläche des Stabes formuliert und anschließend für das 1-parametrige Stabmodell auf eine Volumen-Wärmequelle kondensiert
werden muss, die als Inhomogenität der mechanischen Feldgleichung zu Tage tritt.
Hier wird vereinfachend gemäß Abb. 3.1 eine in der X, Y-Ebene unendlich ausgedehnte Schicht endlicher Dicke $2h$ $(-h \leq Z \leq +h)$ eines thermoelastischen
Körpers betrachtet, der gegenüber einem spannungslosen Referenzzustand, in dem
die Temperatur ϑ_0 vorherrscht, mechanische Schwingungen $w(Z, t)$ in Dickenrichtung ausführt, wobei die Wechselwirkung mit der lokalen Temperaturabweichung
$\vartheta(Z, t)$ untersucht werden soll. Weitere Verschiebungen in X- und Y-Richtung sollen nicht involviert sein, und mögliche Abhängigkeiten der verbleibenden beiden
Variablen w und ϑ von X und Y sollen an dieser Stelle auch nicht diskutiert werden. Eine Darstellung in materiellen Koordinaten ist adäquat, da im Rahmen der
angestrebten linearen Theorie Starrkörperbewegungen nicht einbezogen werden. In
der Praxis wird bei derartigen Problemen häufig die Wärmeleitungsgleichung un-

abhängig vom Verschiebungsfeld gelöst und anschließend die Deformation aus der zugehörigen zwangserregten mechanischen Schwingungsgleichung mit erregender Wärmequelle berechnet. Die Rückwirkung auf die sich einstellende Temperaturverteilung infolge der in der Tat sehr schwachen Kopplung wird jedoch vernachlässigt. Hier steht allerdings genau diese volle gegenseitige Wechselwirkung im Mittelpunkt des Interesses, indem das resultierende volumengekoppelte Zweifeldsystem analysiert wird. Das beschriebene 1-parametrige Beispiel lässt sich auch im Zeitbereich noch weitgehend analytisch behandeln.

Grundlage [19] der Untersuchungen sind bei synthetischer Betrachtung die Verzerrungs-Verschiebungs-Beziehungen

$$\varepsilon_{kl} = \frac{1}{2} \left(u_{k,l} + u_{l,k} \right), \tag{3.1}$$

die Impulsbilanz (siehe [43], Abschn. 2.2.2)

$$\text{Div } \vec{\vec{\sigma}} + \rho_0 \vec{f} - \rho_0 \vec{u}_{,tt} = 0 \tag{3.2}$$

eines homogenen isotropen Festkörpers, das modifizierte Materialgesetz

$$t_{ij} = 2\mu\varepsilon_{ij} + [\lambda\varepsilon_{kk} - (2\mu + 3\lambda)\beta\vartheta] \, \delta_{ij} \tag{3.3}$$

eines thermoelastischen Festkörpers[1], das man oft als Duhamel-Neumannsches Gesetz bezeichnet, und eine hinzuzufügende Energiebilanz

$$\text{Div } \vec{q} + \rho_0 \left[c_v \vartheta_{,t} + \beta\vartheta_0 \varepsilon_{kk,t} - r \right] = 0. \tag{3.4}$$

Die Entropie ist dabei schon über die konstitutive Gleichung

$$\rho_0 s = c_v \vartheta + \beta\varepsilon_{kk} \tag{3.5}$$

durch Temperaturänderung und Verzerrung ersetzt worden. Das Fouriersche Wärmeleitungsgesetz[2]

$$\vec{q} = -\kappa \, \text{Grad}\,\vartheta \tag{3.6}$$

---

[1] Für einen elastischen Festkörper gilt das klassische Hookesche Gesetz, siehe [43], Abschn. 2.4.

[2] Die *klassische* Theorie der Thermoelastizität, die auch hier zugrunde gelegt ist, verwendet dabei einen Zusammenhang zwischen Wärmestromvektor und Temperatur, der Relaxation vernachlässigt. Die Konsequenz ist eine Temperaturgleichung erster und nicht zweiter Ordnung in der Zeit. Thermische Wellen breiten sich dann der Physik widersprechend mit unendlich großer Geschwindigkeit aus. Man kann dieses Paradoxon durch Einführen einer endlichen Relaxationszeit im Rahmen einer verallgemeinerten Theorie beheben, siehe beispielsweise [12], davon wird jedoch hier kein Gebrauch gemacht.

stellt den Zusammenhang zwischen dem Wärmestromvektor $\vec{q}$ und der Temperatur
ϑ her. Für die behandelte Problemstellung ist die Verwendung der LAMÉschen Mate-
rialkonstanten anstelle von Elastizitätsmodul und Querkontraktionszahl üblich und
bequem. Neben der mechanischen Massenkraftdichte $\rho_0\,\vec{f}(X, Y, Z, t)$ in (3.2) tritt
im Allgemeinen jetzt auch eine verteilte Wärmequelle $r(X, Y, Z, t)$ in (3.4) auf. Die
thermische Leitfähigkeit wird mit κ bezeichnet, c_v und β sind die spezifische Wär-
me bei konstanter Verzerrung und der thermische Ausdehnungskoeffizient. Zu den
Feldgleichungen (3.2) und (3.4) sowie den konstitutiven Beziehungen (3.3) und
(3.6) im Volumen V treten geeignete Rand- und Anfangsbedingungen. Mögliche
Randbedingungen in inhomogener Form sind

$$\vec{u} = \vec{g} \ \text{auf} \ S_u \ \text{bzw.} \ \vec{\vec{\sigma}}\vec{N} = \vec{s}_{(\vec{N})} \ \text{auf} \ S_\sigma \tag{3.7}$$

und

$$\vartheta = \theta \ \text{auf} \ S_\vartheta \ \text{bzw.} \ \vec{q} \cdot \vec{N} = m \ \text{auf} \ S_q. \tag{3.8}$$

Die auf der Berandung vorgegebenen Größen für Verschiebung, Flächenlasten, Temperaturabweichung und Wärmestromdichte werden mit $\vec{g}$, $\vec{s}$, θ und m bezeichnet
und $\vec{N}$ ist wie schon mehrfach erwähnt der nach außen gerichtete Normalen-
einheitsvektor des betreffenden Teils der Oberfläche. Fehlende Quellterme im
Innern des Körpers, dafür aber inhomogene Randbedingungen, beispielsweise in
Form eines Temperatur- oder Spannungssprungs auf einem Teil der Berandung als
Modell eines Thermoschocks oder einer plötzlich aufgeprägten Last sind dabei
durchaus interessante Fragestellungen. Eine entsprechende Spezifikation wird im
Folgenden erörtert. Dabei wird auch durch Einsetzen der Materialgleichungen, des
Verzerrungs-Verschiebungs-Zusammenhanges und des FOURIERschen Gesetzes die
übliche Form gekoppelter thermoelastischer Gleichungen benutzt werden, die allein
in Verschiebungsgrößen und der Temperaturabweichung arbeitet.

Beispiel 3.1

Für die angesprochene zweiseitig unendlich ausgedehnte Schicht endlicher
Dicke gemäß Abb. 3.1 bedeutet dies zunächst einmal konkret, dass bei den im
Rahmen einer linearen Theorie zusammenfallenden Spannungen $\vec{\vec{\sigma}}$ und $\vec{t}$ neben der Verschiebung $w(Z, t)$ und der Temperaturabweichung $\vartheta(Z, t)$ nur noch
die Normalspannung $\sigma(Z, t)$ in Dickenrichtung in die Betrachtungen einzube-
ziehen ist. Desweiteren soll auf Quellterme im Innern der Schicht verzichtet
werden und allein auf den Begrenzungsflächen ein über X und Y gleichförmig

verteilter Temperatursprung aufgeprägt werden[3]. Anfänglich soll der spannungs-
lose Körper mit der Referenztemperatur ϑ_0 in Ruhe sein. Das beschreibende
Anfangs-Randwert-Problem allein in Verschiebung und Temperaturabweichung
ergibt sich dann in Form der beiden gekoppelten homogenen Feldgleichungen

$$\rho_0 w_{,tt} - (\lambda + 2\mu)w_{,ZZ} - \beta\vartheta_{,Z} = 0,$$
$$\kappa\vartheta_{,ZZ} - \rho_0 c_v \vartheta_{,t} - \beta\vartheta_0 w_{,Zt} = 0, \tag{3.9}$$

der inhomogenen Randbedingungen

$$\vartheta(\pm h, t) = \theta_0 h(t), \quad \sigma(\pm h, t) = (\lambda + 2\mu)w_{,Z}(\pm h, t) - \beta\vartheta(\pm h, t)$$
$$= 0, \ \forall t \geq 0 \tag{3.10}$$

und der homogenen linksseitigen Anfangsbedingungen

$$\vartheta(Z, 0_-) = 0, \quad w(Z, 0_-) = 0, \quad w_{,t}(Z, 0_-) = 0, \quad \sigma(Z, 0_-) = 0 \tag{3.11}$$

für alle Z aus $-h \leq Z \leq +h$, wobei $h(t)$ die Einheitssprungfunktion bezeichnen
soll. Wie bereits bei den Mehrfeldsystemen mit Oberflächenkopplung erkannt,
ist auch hier eine systematische dimensionslose Schreibweise sehr zweckmäßig.
Neben den dimensionslosen Variablen

$$\zeta = \frac{\Omega}{c_0} Z \left(\alpha = \frac{\Omega}{c_0} h\right), \quad \tau = \Omega t, \quad \bar{w} = \frac{\Omega}{c_0} w, \quad \bar{\vartheta} = \frac{\rho_0 c_v}{\beta\vartheta_0}\vartheta \left(\bar{\theta}_0 = \frac{\rho_0 c_v}{\beta\vartheta_0}\theta_0\right)$$

mit $\quad \Omega = \dfrac{\rho_0 c_v c_0^2}{\kappa}, \quad c_0^2 = \dfrac{\lambda + 2\mu}{\rho_0}$

führt man einen entsprechenden Parameter

$$\varepsilon = \frac{\beta^2\vartheta_0}{\rho_0 c_v c_0^2}$$

ein und erhält unter Weglassen der Querstriche das maßgebende Anfangs-
Randwert-Problem in der dimensionslosen Schreibweise

---

[3] Die Wahl des Koordinatenursprungs $Z = 0$ in der Mittelebene der Schicht ist bei der
vorliegenden Anregung zweckmäßig, weil damit gewisse Symmetrien entstehen, die rechentechnische Vereinfachungen nach sich ziehen.

$$\ddot{w} - w'' + \varepsilon\vartheta' = 0,$$

$$\vartheta'' - \dot{\vartheta} - \dot{w}' = 0,$$

$$w'(\pm\alpha, \tau) - \varepsilon\vartheta(\pm\alpha, \tau) = 0, \quad \vartheta(\pm\alpha, \tau) = \theta_0 h(\tau) \ \forall \tau \geq 0,$$

$$\vartheta(\zeta, 0_-) = 0, \quad w(\zeta, 0_-) = 0, \quad \dot{w}(\zeta, 0_-) = 0 \ \forall \zeta \ \text{aus} \ -\alpha \leq \zeta \leq +\alpha,$$

$$\text{(3.12)}$$

worin hochgestellte Punkte und Striche partielle Ableitungen nach τ und ζ bezeichnen. Wegen der Symmetrie des vorliegenden Problems können die zwei Randbedingungen in (3.12) bei $\zeta = -\alpha$ auch durch

$$w(0, \tau) = 0, \quad \vartheta'(0, \tau) = 0 \ \forall \tau \geq 0 \tag{3.13}$$

ersetzt werden. Die freien Koppelschwingungen sollen im Folgenden umfassend erörtert werden; aber auch die Lösung des inhomogenen transienten Thermoschockproblems ist noch von gewissem Interesse. Da bei den vorliegenden inhomogenen Randbedingungen mit nichtperiodischer Anregung ein direkter Lösungsansatz zur Algebraisierung nicht erkennbar ist, wird der gängige Weg einer Modalanalysis erwogen. Dazu ist es jedoch erforderlich, ein Randwertproblem mit ausschließlich homogenen Randbedingungen zu erzeugen. Die Transformation

$$w(0, \tau) = u(\zeta, \tau) + \zeta\varepsilon\theta_0 h(\tau), \quad \vartheta(\zeta, \tau) = \gamma(\zeta, \tau) + \frac{\zeta^2}{\alpha^2}\theta_0 h(\tau)$$

leistet dies und wandelt das Anfangs-Randwertproblem (3.12) in die der weiteren Rechnung zugrunde liegende »Normal«form

$$\ddot{u} + u'' - \varepsilon\gamma' = \zeta\varepsilon\theta_0\left[\frac{2}{\alpha^2}h(\tau) + \delta_D^{(1)}(\tau)\right],$$

$$\gamma'' - \dot{\gamma} - \dot{u}' = -\theta_0\left[\frac{2}{\alpha^2}h(\tau) - \frac{\zeta^2}{\alpha^2}\delta_D(\tau) - \varepsilon\delta_D^{(1)}(\tau)\right],$$

$$u(0, \tau) = 0, \quad u'(\alpha, \tau) = 0, \quad \gamma'(0, \tau) = 0, \quad \gamma(\alpha, \tau) = 0 \ \forall \tau \geq 0,$$

$$u(\zeta, 0_-) = 0, \quad \dot{u}(\zeta, 0_-) = 0, \quad \gamma(\zeta, 0_-) = 0 \ \forall \zeta \ \text{aus} \ -\alpha \leq \zeta \leq +\alpha \tag{3.14}$$

um. $\delta_D(\tau)$ und $\delta_D^{(1)}(\tau)$ sind darin die DIRACsche Impulsdistribution und ihre verallgemeinerte Ableitung. Ein Lösungsansatz

$$u(\zeta, \tau) = U(\zeta)e^{\lambda\tau}, \quad \gamma(\zeta, \tau) = \Gamma(\zeta)e^{\lambda\tau}$$

liefert nach Einsetzen in das homogene Randwertproblem (3.14) die zugehörige Eigenwertaufgabe

$$U'' - \lambda^2 U - \varepsilon \Gamma = 0, \quad \Gamma'' - \lambda \Gamma - \lambda U' = 0,$$
$$U(0) = 0, \quad U'(\alpha) = 0, \quad \Gamma'(0) = 0, \quad \Gamma(\alpha) = 0 \tag{3.15}$$

für den Eigenwert λ. Da der Eigenwert linear und quadratisch auftritt, sind komplexe Eigenwerte und Eigenfunktionen zu erwarten; da das Eigenwertproblem allerdings insgesamt nur von vierter Ordnung in ζ ist, lässt es sich bei der vorliegenden Symmetrie noch streng lösen[4]. Ein Exponentialansatz

$$\begin{pmatrix} U(\zeta) \\ \Gamma(\zeta) \end{pmatrix} = \begin{pmatrix} A \\ B \end{pmatrix} e^{r\zeta}$$

liefert nach Einsetzen in die gekoppelten Differenzialgleichungen als notwendige Bedingung für nichttriviale Lösungen A, B die Dispersionsgleichung als Zusammenhang zwischen dem Exponenten r und dem Eigenwert λ. Es gibt vier Lösungen

$$r_{1,2} = -r_{3,4} = \sqrt{\frac{\lambda}{2}\left[\lambda + (1 + \varepsilon) \pm \sqrt{\lambda^2 - (1 - \varepsilon)\lambda + (1 + \varepsilon)^2} \right]} \tag{3.16}$$

mit zugehörigen Amplitudenverhältnissen

$$\frac{B_1}{A_1} = -\frac{B_3}{A_3} = \frac{r_1^2 - \lambda^2}{r_1 \varepsilon}, \quad \frac{B_2}{A_2} = -\frac{B_4}{A_4} = \frac{r_2^2 - \lambda^2}{r_2 \varepsilon}.$$

Anpassen der so gefundenen allgemeinen Lösung der gekoppelten Differenzialgleichungen mit noch vier unbekannten Konstanten A_i ($i = 1, 2, 3, 4$) liefert ein homogenes algebraisches Gleichungssystem für genau diese Konstanten. Die verschwindende Systemdeterminate

$$\cosh\left[r_1(\lambda)\alpha\right] \cosh\left[r_2(\lambda)\alpha\right] = 0 \tag{3.17}$$

---

[4] Der Rechengang wird nicht einfacher, wenn man durch Elimination einer der Variablen U oder Γ ein Eigenwertproblem in der verbleibenden Variablen Γ oder U erzeugt. Der Eigenwert λ tritt dann linear, quadratisch und kubisch auf.

ist in Verbindung mit der Dispersionsgleichung und ihrem Zusammenhang (3.16) für $r_{1,2}(\lambda)$ die Eigenwertgleichung. Es ergeben sich die einfachen (imaginären) Lösungen[5]

$$r_{1(2),k} = \pm \mathrm{i} R_k, \quad R_k = \frac{(2k+1)\pi}{2\alpha}, \quad k = 0, 1, 2, \ldots, \infty, \tag{3.18}$$

woraus nach Bestimmung der C_{ik} $(i = 1, 2, 3, 4)$ (bis auf jeweils eine) auch die zugehörigen orthonormierten Eigenfunktionen

$$U_k(\zeta) = \sqrt{\frac{2}{\alpha}} \sin R_k \zeta, \quad \Gamma_k(\zeta) = \sqrt{\frac{2}{\alpha}} \cos R_k \zeta, \quad -\alpha \leq \zeta \leq +\alpha \; (k = 0, 1, 2, \ldots, \infty) \tag{3.19}$$

folgen. Alle Eigenfunktionen sind bei der vorliegenden Symmetrie reell und werden offensichtlich nicht durch die Eigenwerte λ_k, sondern durch die positiv reellen Zahlen R_k $(k = 0, 1, 2, \ldots, \infty)$ charakterisiert. Das Eigenwertproblem (3.15) ist damit gelöst. Eine Lösung des transienten Thermoschockproblems einschließlich der Anpassung an die gewählten homogenen Anfangsbedingungen gelingt mit den Modalentwicklungen

$$u(\zeta, \tau) = \sum_{k=0}^{\infty} U_k(\zeta) S_k(\tau), \quad \gamma(\zeta, \tau) = \sum_{k=0}^{\infty} \Gamma_k(\zeta) T_k(\tau).$$

Nach Einsetzen in die inhomogenen Differenzialgleichungen (3.14)$_{1,2}$ (die homogenen Randbedingungen (3.14)$_3$ werden erfüllt) und Beachten der Orthogonalitätsbedingungen der Eigenfunktionen folgt der unendliche Satz

$$\ddot{S}_k + R_k^2 S_k - \varepsilon R_k T_k = (-1)^{k+1} \varepsilon \sqrt{\frac{2}{\alpha}} \frac{\theta_0}{\alpha^2 R_k^2} \left[2h(\tau) + \alpha^2 \delta_{\mathrm{D}}^{(1)}(\tau) \right],$$

$$\dot{T}_k + R_k^2 T_k + R_k \dot{S}_k = (-1)^k \sqrt{\frac{2}{\alpha}} \frac{\theta_0}{\alpha^2 R_k^3} \left\{ 2R_k^2 h(\tau) - \left[\alpha^2 R_k^2 (1 + \varepsilon) - 2 \right] \delta_{\mathrm{D}}(\tau) \right\},$$

$$S_k(0_-) = 0, \quad \dot{S}_k(0_-) = 0, \quad T_k(0_-) = 0, \quad k = 0, 1, 2, \ldots, \infty$$

von gekoppelten Paaren gewöhnlicher Differenzialgleichungen für $S_k(\tau)$ und $T_k(\tau)$ $(k = 0, 1, 2, \ldots, \infty)$. Nach LAPLACE-Transformation können die gesuchten Zeitfunktionen in Verbindung mit einer Störungsrechnung formelmäßig

---

[5] Die tatsächlichen Eigenwerte λ_k sind dann aus Gl. (3.16) zu berechnen: $\lambda_1 = -2.46098$, $\lambda_2 = -22.19790$, $\lambda_3 = -61.67616$, etc. Ersichtlich sind sie alle negativ reell.

bestimmt werden [39], worauf hier im Detail jedoch nicht mehr eingegangen wird. Plausiblerweise werden durch den Thermoschock (kleine) mechanische Schwingungen verbunden mit entsprechenden Temperaturschwankungen hervorgerufen, die im Lauf der Zeit auch ohne Dämpfung abklingen und für $t \to \infty$ verschwinden. Es bleibt allein eine erhöhte gleichförmige Temperaturverteilung zurück, während die Verschiebungen dann wieder allesamt null geworden sind. Probleme unveränderter Geometrie mit komplizierteren Randbedingungen, auch im Zusammenhang mit einwirkenden Magnetfeldern, wodurch ein Dreifeldsystem aus Verschiebung, Temperatur und magnetischem Fluss entsteht, werden in [40] untersucht. Als Modifikation der vorliegenden Problematik soll das Randwertproblem (3.12) unter Weglassen der Anfangsbedingungen mit homogenen Randbedingungen unter Einwirkung einer örtlich gleichförmigen, zeitlich harmonischen Wärmequelle $q(\zeta, \tau) = q_0 \sin \eta\tau$ diskutiert werden:

$$\ddot{w} - w'' + \varepsilon\vartheta' = 0,$$

$$\vartheta'' - \dot{\vartheta} - \dot{w}' = q_0 \sin \eta\tau,$$

$$w(0, \tau) = 0, \quad \vartheta'(0, \tau) = 0, \quad w'(\alpha, \tau) = 0, \quad \vartheta(\alpha, \tau) = 0 \ \forall \tau \geq 0.$$

Der geradlinigste Lösungsweg zur Ermittlung einer Partikulärlösung $(w_\mathrm{P}(\zeta, \tau), \vartheta_\mathrm{P}(\zeta, \tau))^\top$ scheint unter Verallgemeinerung der Erregung auf komplexer Exponentialform $q(\zeta, \tau) = q_0 e^{i\eta\tau}$ ein korrespondierender gleichfrequenter Lösungsansatz

$$\begin{pmatrix} w_\mathrm{P}(\zeta, \tau) \\ \vartheta_\mathrm{P}(\zeta, \tau) \end{pmatrix} = \begin{pmatrix} W(\zeta) \\ \Theta(\zeta) \end{pmatrix} e^{i\eta\tau}$$

für Verschiebungs- und Temperaturfeld zu sein. Einsetzen liefert das zeitfreie Randwertproblem

$$W'' + \eta^2 W - \varepsilon\Theta' = 0,$$

$$\Theta'' - i\eta\Theta - i\eta W' = q_0, \tag{3.20}$$

$$W(0) = 0, \quad \Theta'(0) = 0, \quad W'(\alpha) = 0, \quad \Theta(\alpha) = 0.$$

Ein RITZ-Ansatz

$$W(\zeta) = \sum_{k=1}^{\infty} F_{Wk}(i\eta) \sin p_k\zeta, \quad \Theta(\zeta) = \sum_{k=1}^{\infty} F_{\Theta k}(i\eta) \cos p_k\zeta,$$

$$p_k = \frac{(2k-1)\pi}{2\alpha}, \quad k = 1, 2, \ldots, \infty,$$

der alle Randbedingungen $(3.20)_3$ erfüllt, algebraisiert das Problem vollständig. Einsetzen, Multiplizieren von $(3.20)_1$ mit $W_l(\zeta)$ und von $(3.20)_2$ mit $\Theta_l(\zeta)$ sowie Integration von 0 bis α liefert unendlich viele Paare inhomogener algebraischer Gleichungen

$$\left(-p_k^2 + \eta^2\right) F_{Wk} + \varepsilon p_k F_{\Theta k} = 0,$$

$$\eta p_k F_{Wk} + \left(-\mathrm{i} p_k^2 + \eta\right) F_{\Theta k} = Q_{0k}, \quad k = 1, 2, \ldots, \infty,$$

$$Q_{0k} = \mathrm{i}\frac{2(-1)^k}{(2k-1)\pi} q_0,$$

die einfach zu lösen sind:

$$F_{Yk} = \frac{\Delta_{Yk}}{\Delta_k}, \quad Y \in \{W, \Theta\},$$

$$\Delta_k = \left(-p_k^2 + \eta^2\right)\left(\mathrm{i} p_k^2 + \eta\right) - \varepsilon p_k^2 \eta,$$

$$\Delta_{Wk} = -\varepsilon p_k Q_{0k}, \quad \Delta_{\Theta k} = \left(-p_k^2 + \eta^2\right) Q_{0k}.$$

Es ist offensichtlich, dass die Antworten des Zweifeldsystems auf eine zeitlich harmonische Wärmequelle alle Attribute entsprechend angeregter Zwangs-schwingungen klassischer Einfeldsysteme besitzen: Es gibt abzählbar unendlich viele Resonanzen und zwar wegen $\varepsilon \ll 1$ in der Nähe von $\eta = p_k$, d. h. bei Werten, die also im Wesentlichen durch die Strukturmoden bestimmt sind. Sie machen sich auch nur für die Schwingungsantwort des Verschiebungsfeldes be-merkbar. Wegen $\varepsilon \ll 1$ gilt nämlich auch, dass die Schwingungsantwort des Temperaturfeldes durch $F_{\Theta k} \approx Q_{0k}/\left(\left(\mathrm{i} p_k^2 + \eta\right)\right)$ gegeben ist, d. h. dort gibt es nur noch eine Scheinresonanz. ∎

Abschließend wird noch eine Variationsformulierung im Sinne des Prinzips von Ha-milton für thermoelastische Koppelschwingungen angegeben. Dazu wird von den mechanischen und thermischen Feldgleichungen (3.2) und (3.4) samt zugehörigen Randbedingungen (3.7) und (3.8) ausgegangen. Jetzt werden die »mechanischen« Gl. (3.2) und $(3.7)_2$ mit der virtuellen Verschiebung $\delta\vec{u}$ und die »thermischen« Gl. (3.4) und $(3.8)_2$ mit der virtuellen Temperatur $\delta\vartheta$ multipliziert und diese Gleichungen addiert. Daraus folgt dann die schwache Form

$$-\int_V \left(\mathrm{Div}\ \vec{\vec{\sigma}} + \rho_0\vec{f} - \rho_0\vec{u}_{,tt}\right)\delta\vec{u}\,\mathrm{d}V + \int_{S_\sigma}\left(\vec{\vec{\sigma}}\vec{N} - \vec{s}_{(\vec{N})}\right)\delta\vec{u}\,\mathrm{d}A$$

$$+\int_V\left(\mathrm{Div}\ \vec{q} + \rho_0 c_v\vartheta_{,t} + \vartheta_0\beta\varepsilon_{kk,t} - r\right)\delta\vartheta\,\mathrm{d}V - \int_{S_q}(\vec{q}\cdot\vec{N} - m)\delta\vartheta\,\mathrm{d}A = 0$$

des Problems. Zusätzlich müssen noch die geometrischen bzw. wesentlichen Rand-bedingungen $(3.7)_1$ bzw. $(3.8)_1$ beachtet werden. Wird innerhalb einer linearen Theorie beachtet, dass $\vec{\vec{\sigma}}$ und $\vec{\vec{t}}$ ununterscheidbar sind, führt partielle Integration mit anschließender Verwendung des Verzerrungs-Verschiebungs-Zusammenhangs (3.1) sowie der Entropiegleichung (3.5) bzw. des FOURIERschen Gesetzes (3.6) auf

$$\int_V \left(\vec{\vec{t}}\delta\vec{\vec{\varepsilon}} + \vartheta\,\delta s \right) \mathrm{d}V - \int_V \left(\rho_0 \vec{f} - \rho_0 \vec{u}_{,tt} \right) \delta\vec{u}\,\mathrm{d}V - \int_{S_\sigma} \vec{s}_{(N)}\delta\vec{u}\,\mathrm{d}A$$
$$+ \int_V \left(\rho_0 c_v \vartheta_{,t} + \vartheta_0 \beta \varepsilon_{kk,t} - r \right) \delta\vartheta\,\mathrm{d}V - \int_{S_q} m\,\delta\vartheta\,\mathrm{d}A = 0. \tag{3.21}$$

Für rein thermische Problemstellungen entfallen im ersten Summanden der erste Anteil und die beiden nächsten Summanden vollständig. Die verbleibende schwache Form wird *Prinzip der virtuellen Temperatur* genannt. Das vorliegende Prinzip ist zunächst eine Verallgemeinerung des Prinzips von LAGRANGE-D'ALEMBERT und des Prinzips der virtuellen Temperatur für thermoelastische Koppelprobleme. Da an dieser Stelle allein solche Wechselwirkungen interessieren, ist es zweckmäßig, auf die innere Energiedichte U_i^* und deren totales Differenzial

$$\mathrm{d}U_i^* = \vec{\vec{t}}\,\mathrm{d}\vec{\vec{\varepsilon}} + \vartheta\,\mathrm{d}s$$

überzugehen. Hierbei sind Verzerrung $\vec{\vec{\varepsilon}}$ und Entropie s die unabhängig Variablen, die durch Verschiebung $\vec{u}$ und Temperaturänderung ϑ ausgedrückt werden können. Für die Variation gilt entsprechend $\delta U_i^* = \vec{\vec{t}}\delta\vec{\vec{\varepsilon}} + \vartheta\,\delta s$, womit nach Einsetzen in (3.21) und einer weiteren partiellen Integration zwischen den Zeiten t_1 und t_2

$$\int_{t_1}^{t_2} \left\{ \int_V \left[\delta U_i^* - \frac{\rho_0}{2}\delta\left(\vec{u}_{,t} \cdot \vec{u}_{,t} \right) \right] \mathrm{d}V - \int_V \rho_0 \vec{f}\delta\vec{u}\,\mathrm{d}V - \int_{S_\sigma} \vec{s}_{(N)}\delta\vec{u}\,\mathrm{d}A \right\} \mathrm{d}t$$
$$+ \int_{t_1}^{t_2} \left\{ \int_V \left(\rho_0 c_v \vartheta_{,t} + \vartheta_0 \beta \varepsilon_{kk,t} - r \right) \delta\vartheta\,\mathrm{d}V - \int_{S_q} m\,\delta\vartheta\,\mathrm{d}A \right\} \mathrm{d}t = 0$$

folgt. Wird vorausgesetzt, dass an den Zeitgrenzen nicht variiert wird, ergibt sich schließlich die gesuchte Form des verallgemeinerten Prinzips von HAMILTON

$$\delta \int_{t_1}^{t_2} L(\vec{u}, \vartheta)\mathrm{d}t + \int_{t_1}^{t_2} W_\delta\,\mathrm{d}t = 0 \tag{3.22}$$

mit der LAGRANGE-Funktion

$$L = \int_V \left(\frac{\rho_0}{2}\vec{u}_{,t} \cdot \vec{u}_{,t} - U_i^* \right) \mathrm{d}V = \int_V \left(T^* - U_i^* \right) \mathrm{d}V \tag{3.23}$$

und der virtuellen Arbeit

$$W_\delta = \int_V \rho_0 \vec{f} \delta \vec{u} \, \mathrm{d}V + \int_{S_\sigma} \vec{s}_{(\vec{N})} \delta \vec{u} \, \mathrm{d}A$$

$$+ \int_V \left(-\rho_0 c_v \vartheta_{,t} - \vartheta_0 \beta \varepsilon_{kk,t} + r \right) \delta \vartheta \, \mathrm{d}V + \int_{S_q} m \, \delta \vartheta \mathrm{d}A, \qquad (3.24)$$

worin T^* die kinetische Energiedichte des Systems ist. Wieder ist damit eine Formulierung erreicht, die mit Hilfe entsprechender RITZ-Ansätze die Berechnung von Näherungslösungen bei thermoelastischen Fragestellungen erlaubt, wenn analytische Lösungen ausgeschlossen erscheinen oder zu rechenintensiv sind. Dabei ist dann im Rahmen eines linearen Materialgesetzes die innere Energiedichte $U_i^* = \frac{1}{2}(\vec{\vec{t}} \, \vec{\vec{\varepsilon}} + \vartheta s)$ in quadratischer Form allein als Funktion der Verschiebungen und der Temperaturänderung in die Rechnung einzubringen.

3.2 Dynamik piezoelektrischer Wandler

Der Piezoeffekt koppelt elektrische und mechanische Felder. Wird eine piezoelektrische Keramik durch eine mechanische Kraft belastet, verursacht die resultierende Deformation Ladungsverschiebungen. Dieses Phänomen wird als *direkter* piezoelektrischer Effekt bezeichnet und wurde 1880 von den Gebrüdern Curie entdeckt. Der *inverse* piezoelektrische Effekt beschreibt die Verformungsänderung infolge eines von außen angelegten elektrischen Feldes. Er wurde 1881 von G. Lippmann aufgrund thermodynamischer Überlegungen vorausgesagt und von den Gebrüdern Curie experimentell bestätigt. Damit sind piezoelektrische Materialien[6] vielfältig zum Einsatz als Sensoren und als Aktoren in mechatronischen Systemen geeignet, eine Tatsache, die heute ihr enormes technisches Potenzial ausmacht. Die Kopplung tritt sowohl in der mechanischen als auch in der elektrischen Feldgleichung auf und rührt von den konstitutiven Gleichungen her. Das Verhalten von Piezokeramiken wird in der Regel durch eine lineare Theorie beschrieben, wenn man sich auf einen charaktristischen Arbeitspunkt bezieht, der bei der Polarisation im Herstellungsprozess erreicht wird. Eine derartige lineare Schwingungstheorie ist Inhalt des vorliegenden Abschnitts. Nichtlineare Effekte [3, 9, 11, 37] werden in Abschn. 3.4 angesprochen.

---

[6] Neben keramischen Werkstoffen sind heutzutage auch Dünnschichten und polarisierte Kunststoffe in Gebrauch.

Das analytische Prinzip von HAMILTON ist für schwingende piezoelektrische Körper bereits etabliert [8, 32], sodass es hier, [37] folgend, den Ausgangspunkt bilden soll. Es lässt sich in der Form

$$\delta \int_{t_1}^{t_2} L \mathrm{d}t + \int_{t_1}^{t_2} W_\delta \mathrm{d}t = 0 \qquad (3.25)$$

mit

$$L = T - H \qquad (3.26)$$

angeben, worin T die kinetische Energie, $H = \int_V H^* \mathrm{d}V$ die so genannte *elektrische Enthalpie* und W_δ die virtuelle Arbeit bezeichnen. Die elektrische Enthalpiedichte H^* und ihre Variation

$$\delta H^* = \vec{\vec{t}} \delta \vec{\vec{\varepsilon}} - \vec{D} \delta \vec{E}, \qquad (3.27)$$

worin

$$D_i = -\frac{\partial H^*}{\partial E_i}, \quad t_{ij} = \frac{\partial H^*}{\partial \varepsilon_{ij}} \qquad (3.28)$$

gilt, werden über mechanische Spannung $\vec{\vec{t}}$ und (di)elektrische Verschiebungsdichte $\vec{D}$ als abhängige Veränderliche sowie Verzerrung $\vec{\vec{\varepsilon}}$ und elektrische Feldstärke $\vec{E}$ als unabhängige Variable ausgedrückt. Die beteiligten Feldgrößen sind damit im Wesentlichen genannt. Die geltenden Konstitutivgleichungen sind also

$$t_{ij} = c_{ijkl}\varepsilon_{kl} - p_{ijk}E_i,$$
$$D_i = p_{ijk}\varepsilon_{jk} + e_{ij}E_j, \qquad (3.29)$$

und die elektrische Enthalpiedichte ergibt sich bei linearem Materialverhalten zu

$$H^* = \frac{1}{2}c_{ijkl}\varepsilon_{ij}\varepsilon_{kl} - p_{ijk}E_i\varepsilon_{kl} - \frac{1}{2}e_{ij}E_iE_j, \qquad (3.30)$$

wobei c_{ijkl} elastische, p_{ijk} piezoelektrische und e_{ij} dielektrische Konstanten sind. Auf eine Kennzeichnung, dass die elastischen Moduli bei konstantem elektrischen Feld und die dielektrischen bei konstanter Verzerrung zu nehmen sind, wird der Einfachheit halber hier und im Folgenden verzichtet. Über den unverändert gültigen Verzerrungs-Verschiebungs-Zusammenhang

$$\varepsilon_{ij} = \frac{1}{2}\left(u_{i,j} + u_{j,i}\right) \qquad (3.31)$$

und das innerhalb der klassischen elektrostatischen Näherung[7] vereinfachte
FARADAYsche Gesetz

$$\vec{E} = -\text{grad}\,\varphi \tag{3.32}$$

als Beziehung zwischen elektrischer Feldstärke $\vec{E}$ und elektrostatischem Skalarpo-
tenzial φ ist schließlich auch die in (3.25) angedeutete Darstellung allein als Funktion
von Verschiebung $\vec{u}$ und Potenzial φ tatsächlich möglich[8]. Da Piezokeramiken als
elektrisch isolierende Dielektrika betrachtet werden können, verschwindet die Dichte der freien Ladungen und das GAUSSsche Gesetz als weitere MAXWELL-Gleichung
vereinfacht sich auf

$$\text{div}\,\vec{D} = 0. \tag{3.33}$$

Diese Bedingung ist in die vorliegende Fassung des Prinzips von HAMILTON (3.25) –
(3.30) eingearbeitet [37]. Zum Schluss ist zu vermerken, dass die Verwendung der
elektrischen Enthalpiedichte H^* im verallgemeinerten Prinzip von HAMILTON (3.25)
nicht zwingend ist. Wählt man beispielsweise die dielektrische Verschiebungsdichte $\vec{D}$ neben der Verzerrung $\vec{\varepsilon}$ als unabhängig Veränderliche, kommt man zu der
bei thermoelastischen Koppelproblemen kennen gelernten inneren Energiedichte
U_i^* [46]. Der Übergang von einer zur anderen Potenzialdichte (insgesamt gibt es
acht Möglichkeiten) wird durch die LEGENDRE-Transformation ermöglicht [3]. Bei
den üblichen Randbedingungen erscheint eine Formulierung unter Verwendung der
elektrischen Enthalpie vorteilhaft.

Beispiel 3.2

Die vorgestellten Grundlagen werden im Folgenden auf piezoelektrische Stabwandler angewendet [3, 37], die in axialer Richtung polarisiert sind[9], siehe

---

[7] Da die Ausbreitungsgeschwindigkeit elektromagnetischer Wellen in Piezokeramiken um
einen Faktor der Größenordnung 10^3 höher ist als jene mechanischer Wellen, ist die Annahme
der Elektrostatik für die hier zu diskutierenden Probleme gerechtfertigt.

[8] Insbesondere bei der numerischen Auswertung komplizierter Fragestellungen sind neben
dem Prinzip von HAMILTON, das (hier) Verschiebungen und elektrisches Potenzial unabhängig voneinander variiert, auch *verallgemeinerte* schwache Mehrfeldformulierungen von
Variationsprinzipen eingeführt [11], beispielsweise Vierfeldformulierungen, die daneben
Spannungen und dielektrische Verschiebungen variieren.

[9] Entsprechende Stabwandler mit quergerichteter Polarisation oder Wandler, die auf piezoelektrischen Schereffekten beruhen, werden im vorliegenden Buch nicht untersucht; dazu
wird auf Spezialliteratur verwiesen, siehe beispielsweise [37].

Abb. 3.2 Piezoelektrischer
Stabwandler (als Aktor)

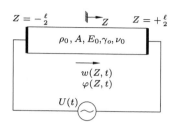

Abb. 3.2. Es können dann Schubspannungen (und damit auch Schubverformungen) ebenso vernächlässigt werden wie das elektrische Feld in Querrichtung. Daraus folgt $t_{xy} = t_{xz} = t_{yz} = 0$, $\varepsilon_{xy} = \varepsilon_{xz} = \varepsilon_{yz} = 0$, $E_x = E_y = 0$, womit sich die konstitutiven Gl. (3.29) auf

$$t_{xx} = c_{11}\varepsilon_{xx} + c_{12}\varepsilon_{yy} + c_{13}\varepsilon_{zz} - p_{31}E_z,$$

$$t_{yy} = c_{12}\varepsilon_{xx} + c_{11}\varepsilon_{yy} + c_{13}\varepsilon_{zz} - p_{31}E_z,$$

$$t_{zz} = c_{13}\varepsilon_{xx} + c_{13}\varepsilon_{yy} + c_{33}\varepsilon_{zz} - p_{33}E_z,$$

$$D_z = p_{31}\left(\varepsilon_{xx} + \varepsilon_{yy}\right) + p_{33}\varepsilon_{zz} + e_{33}E_z$$

(3.34)

reduzieren. Darin wird die übliche ingenieurmäßige Notation der Moduli c_{ijkl}, p_{ijk} und e_{ij} verwendet, die die Symmetrien der Moduli bereits berücksichtigt hat [37]. Wird außerdem vorausgesetzt, dass die Normalspannungen in Querrichtung verschwinden, d. h. $t_{xx} = t_{yy} = 0$, ergibt sich zunächst

$$\varepsilon_{xx} = \varepsilon_{yy} = -\frac{c_{13}}{c_{11} + c_{12}}\varepsilon_{zz} + \frac{p_{31}}{c_{11} + c_{12}}E_z$$

(3.35)

und damit vereinfacht

$$t_{zz} = \left(c_{33} - \frac{2c_{13}^2}{c_{11} + c_{12}}\right)\varepsilon_{zz} - \left(p_{33} - \frac{2c_{13}p_{31}}{c_{11} + c_{12}}\right)E_z,$$

$$D_z = \left(p_{33} - \frac{2c_{13}p_{31}}{c_{11} + c_{12}}\right)\varepsilon_{zz} + \left(e_{33} - \frac{2p_{31}^2}{c_{11} + c_{12}}\right)E_z.$$

(3.36)

Benutzt man die Abkürzungen

$$E_0 = \left(c_{33} - \frac{2c_{13}^2}{c_{11} + c_{12}}\right), \quad \gamma_0 = \left(p_{33} - \frac{2c_{13}p_{31}}{c_{11} + c_{12}}\right), \quad \nu_0 = \left(e_{33} - \frac{2p_{31}^2}{c_{11} + c_{12}}\right),$$

(3.37)

ergibt sich als wichtiges Zwischenergebnis die maßgebende Enthalpiedichte

$$H^* = \frac{1}{2}E_0\varepsilon_{zz}^2 - \gamma_0\varepsilon_{zz}E_z - \frac{1}{2}v_0E_z^2 \qquad (3.38)$$

längsschwingender piezokeramischer Stäbe. Bei der Weiterrechnung soll zunächst die Aktorfunktion im Vordergrund stehen, bei der man üblicherweise die Piezokeramik an ihren Enden mit entgegengesetzt gleich großen elektrischen Spannungen erregt, sodass sich bei den vorausgesetzten konstanten Querschnittsdaten in natürlicher Weise gewisse Symmetrien bezüglich der Stabmitte einstellen. Man wird also rechentechnische Erleichterungen haben, wenn man erneut den Koordinatenursprung $Z = 0$ in die Mitte des Stabes der Länge ℓ legt. Die benötigten Energie- und virtuellen Arbeitsanteile können jetzt problemlos angegeben werden. Man erhält die kinetische Energie[10]

$$T = \frac{\rho_0 A}{2} \int_{-\ell/2}^{+\ell/2} w_{,t}^2 \mathrm{d}Z \qquad (3.39)$$

und mit $\varepsilon_{zz} = w_{,Z}$ und $E_z = -\varphi_{,Z}$ auch die elektrische Enthalpie

$$H = \frac{E_0 A}{2} \int_{-\ell/2}^{+\ell/2} w_{,Z}^2 \mathrm{d}Z + \gamma_0 A \int_{-\ell/2}^{+\ell/2} w_{,Z}\varphi_{,Z}\mathrm{d}Z - \frac{v_0 A}{2} \int_{-\ell/2}^{+\ell/2} \varphi_{,Z}^2 \mathrm{d}Z. \qquad (3.40)$$

Zur Angabe der virtuellen Arbeit wird zunächst auf Dämpfungseinflüsse verzichtet. Bezüglich der Randbedingungen wird für den hier interessierenden Aktorbetrieb festgelegt, dass an den Aktorenden keine äußeren Kräfte angreifen und die Verschiebbarkeit in axialer Richtung unbehindert stattfinden kann. Außerdem werden, wie bereits angedeutet, in der Form $\varphi(-\ell/2, t) = -\frac{U_0}{2}\cos\Omega t$ und $\varphi(+\ell/2, t) = +\frac{U_0}{2}\cos\Omega t$ die Potenziale an den Elektroden vorgegeben, sodass die entsprechenden Variationen verschwinden: $\delta\varphi(-\ell/2, t), \delta\varphi(+\ell/2, t) = 0$. Die Auswertung des Prinzips von HAMILTON (3.25) führt dann nach kurzer Rechnung auf das beschreibende Randwertproblem

$$\rho_0 w_{,tt} - E_0 w_{,ZZ} - \gamma_0\varphi_{,ZZ} = 0,$$

$$\gamma_0 w_{,ZZ} - v_0\varphi_{,ZZ} = 0,$$

$$E_0 w_{,Z}(-\ell/2, t) + \gamma_0\varphi_{,Z}(-\ell/2, t) = 0,$$

---

[10] Liegt ein gedrungener Stabwandler vor, kann, siehe [43], Abschn. 5.1.4, durch Berücksichtigung der Querträgheit eine genauere Modelltheorie erzielt werden.

$$E_0 w_{,z} \left(+\ell/2, t\right) + \gamma_0 \varphi_{,z} \left(+\ell/2, t\right) = 0,$$

$$\varphi \left(-\ell/2, t\right) = -\frac{U_0}{2} \cos \Omega t, \; \varphi \left(+\ell/2, t\right) = +\frac{U_0}{2} \cos \Omega t \quad \forall t \geq 0. \qquad (3.41)$$

Die erste Beziehung repräsentiert die Impulsbilanz, die zweite das vereinfachte GAUSSsche Gesetz (3.33). Durch Elimination von $\varphi_{,zz}$ aus der zweiten Gleichung in (3.41) und Einsetzen in die erste kann man übrigens die Gesamtsteifigkeit des piezoelektrischen Stabwandlers berechnen. Man erhält $E^* = E_0 + \frac{\gamma_0^2}{v_0}$. Rechnet man die enthaltenen Abkürzungen gemäß (3.37) auf physikalische Materialdaten zurück, so ergibt sich, dass die Gesamtsteifigkeit größer wird als für den entsprechenden isotrop elastischen Ersatzstab. Das Randwertproblem hat alle Eigenschaften volumengekoppelter Mehrfeldsysteme: Die Feldgleichungen sind gekoppelt, entsprechend der Gesamtordnung vier bezüglich der Ortskoordinate Z treten auch vier, teilweise ebenfalls gekoppelte Randbedingungen auf. Das Randwertproblem bleibt jedoch im Rahmen der vereinfachenden Elektrostatik wie jenes für das Subsystem reiner Strukturschwingungen von zweiter Ordnung in der Zeit. Wie generell bei Mehrfeldsystemen zweckmäßig, wird wieder eine dimensionslose Schreibweise vorgeschlagen. Neben den dimensionslosen Variablen

$$\zeta = \frac{2Z}{\ell}, \; \tau = \Omega_0 t \; \left(\Omega_0^2 = \frac{4E_0}{\rho_0 \ell^2}\right), \; \bar{w} = \frac{2\,w}{\ell}, \; \bar{\varphi} = \frac{2v_0}{\ell\gamma_0}\varphi \Rightarrow \bar{U}_0 = \frac{2v_0}{\ell\gamma_0}U_0$$

werden entsprechende Parameter

$$\varepsilon = \frac{\gamma_0^2}{v_0 E_0}, \; \eta = \frac{\Omega}{\Omega_0}$$

eingeführt, die unter Weglassen der Querstriche auf das dimensionslose Randwertproblem

$$w_{,\tau\tau} - w_{,\zeta\zeta} - \varepsilon\varphi_{,\zeta\zeta} = 0,$$

$$w_{,\zeta\zeta} - \varphi_{,\zeta\zeta} = 0,$$

$$w_{,\zeta} \left(-1, \tau\right) + \varepsilon\varphi_{,\zeta} \left(-1, \tau\right) = 0, \qquad (3.42)$$

$$w_{,\zeta} \left(+1, \tau\right) + \varepsilon\varphi_{,\zeta} \left(+1, \tau\right) = 0,$$

$$\varphi \left(-1, \tau\right) = -\frac{U_0}{2} \cos \eta\tau, \; \varphi \left(+1, \tau\right) = +\frac{U_0}{2} \cos \eta\tau \quad \forall \tau \geq 0$$

führen. Die Dynamik des piezoelekrischen Mehrfeldsystems wird von den Strukturschwingungen beherrscht; trotzdem fächert sich das ursprüngliche

Frequenzspektrum der reinen Stablängsschwingungen wegen der Ankopplung
von φ mit insgesamt vier Randbedingungen in zwei neue auf. Zur Bestätigung
werden zunächst die freien Schwingungen untersucht, für die die elektrische
Anregung null gesetzt wird. Ein isochroner Produktansatz

$$w_H(\zeta,\tau) = W(\zeta)\sin\lambda\tau, \quad \varphi_H(\zeta,\tau) = \phi(\zeta)\sin\lambda\tau$$

liefert das zugehörige dimensionslose Eigenwertproblem

$$W'' + \lambda^2 W + \varepsilon\phi'' = 0,$$

$$W'' - \phi'' = 0, \qquad\qquad\qquad (3.43)$$

$$W'(-1) + \varepsilon\phi'(-1) = 0, \quad W'(+1) + \varepsilon\phi'(+1) = 0,$$

$$\phi(-1) = 0, \quad \phi(+1) = 0$$

für den Eigenwert λ^2, worin hochgestellte Striche gewöhnliche Ableitungen nach
ζ bezeichnen. Die allgemeine Lösung der gekoppelten Differenzialgleichungen
$(3.43)_{1,2}$ kann leicht erraten werden,

$$W(\zeta) = A\sin\kappa\zeta + B\cos\kappa\zeta,$$

$$\phi(\zeta) = W(\zeta) + C\zeta + D, \qquad\qquad (3.44)$$

womit deren verschwindende Systemdeterminante als Dispersionsgleichung
den Zusammenhang

$$\kappa^2 = \frac{\lambda^2}{1+\varepsilon} \qquad\qquad (3.45)$$

zwischen κ und λ ergibt. Danach können die Lösungen (3.44), die neben den
Konstanten A, B, C, D jetzt nur noch den unbekannten Eigenwertparameter κ ent-
halten, an die vier Randbedingungen $(3.43)_{3,4}$ angepasst werden. Die verschwindende Determinante des resultierenden homogenen Gleichungssystems für
$A, B, C, D \neq 0$ ist die noch in κ ausgedrückte »Eigenwert«gleichung

$$\sin\kappa\,[(1+\varepsilon)\kappa\cos\kappa - \sin\kappa] = 0,$$

die in die beiden Gleichungen und ihre jeweiligen Lösungen

$$\sin\kappa = 0 \;\Rightarrow\; \kappa_{1k} = k\pi, \; k = 0, 1, 2, \ldots, \infty,$$

$$(1+\varepsilon)\kappa\cos\kappa - \sin\kappa = 0 \;\Rightarrow\; \kappa_{2k}, \; k = 1, 2, \ldots, \infty$$

$$(3.46)$$

zerfällt. Sind die κ_k bestimmt, können über (3.45) auch die eigentlichen Eigenwerte λ_k berechnet werden. Dabei ist bei den analytisch angebbaren κ_{1k} zu beachten, dass $\kappa_{10} = \lambda_{10} = 0$ tatsächlich ein Eigenwert ist, der die mögliche mechanische Starrkörperbewegung kennzeichnet, während die κ_{2k} nur numerisch bestimmt werden können. Aus dem homogenen Gleichungssystem der Randbedingungen lassen sich dann auch die zugehörigen Eigenfunktionen ermitteln. Zur Folge κ_{1k} gehören cosinusförmige Moden

$$W_{1k}(\zeta) = \cos\kappa_{1k}\zeta, \quad \phi_{1k}(\zeta) = W_{1k}(\zeta) - \cos\kappa_{1k}, \quad k = 0, 1, 2, \ldots, \infty, \quad (3.47)$$

zu κ_{2k} dagegen sinusförmige:

$$W_{2k}(\zeta) = \sin\kappa_{2k}\zeta, \quad \phi_{2k}(\zeta) = W_{2k}(\zeta) - \zeta\sin\kappa_{2k}, \quad k = 1, 2, \ldots, \infty. \quad (3.48)$$

Interessiert man sich jetzt für die Aktorfunktion des betreffenden piezoelektrischen Stabwandlers, dann hat man das ursprünglich formulierte inhomogene Randwertproblem (3.41) zu analysieren, wobei die Kreisfrequenz Ω der elektrischen Spannung $U_0 \cos\eta\tau$ vorgegeben ist. Ein gleichfrequenter Ansatz

$$w_P(\zeta, \tau) = W(\zeta)\cos\eta\tau, \quad \varphi_P(\zeta, \tau) = \phi(\zeta)\cos\eta\tau$$

zur Bestimmung der gesuchten Partikulärlösungen $w_P(\zeta, \tau), \varphi_P(\zeta, \tau)$ des dimensionslosen Randwertproblems (3.42) führt auf die zugehörige zeitfreie Randwertaufgabe

$$W'' + \eta^2 W + \varepsilon\phi'' = 0,$$

$$W'' - \phi'' = 0,$$

$$W'(-1) + \varepsilon\phi'(-1) = 0, \quad W'(+1) + \varepsilon\phi'(+1) = 0,$$

$$\phi(-1) = -\frac{U_0}{2}, \quad \phi(+1) = +\frac{U_0}{2} \quad (3.49)$$

zur Bestimmung der Zwangsschwingungsamplituden $W(\zeta), \phi(\zeta)$ bei gegegebenem Erregerkennwert

$$\kappa_E^2 = \frac{\eta^2}{1 + \varepsilon}. \quad (3.50)$$

Die Lösung der beiden Differenzialgleichungen (3.49)$_{1,2}$ ist in Analogie zu (3.44) durch

$$W(\zeta) = A\sin\kappa_E\zeta + B\cos\kappa_E\zeta, \quad (3.51)$$

$$\phi(\zeta) = W(\zeta) + C\zeta + D$$

gegeben. Bei der Anpassung an die inhomogenen Randbedingungen $(3.49)_4$ stellt sich heraus, wie in [37] detailliert gezeigt und wegen der Punktsymmetrie der Erregung zum Koordinatenursprung $Z = 0$ auch anschaulich, dass $B = D = 0$ sein muss und nur die sinusförmigen Lösungsanteile – analog zu (3.48) – auftreten können. Berechnet man die verbleibenden Konstanten A und C – infolge der inhomogenen Randbedingungen sind sie vollständig festgelegt – dann ergeben sich im vorliegenden Fall die Zwangsschwingungen als

$$w(\zeta, \tau) = \frac{U_0}{2\left[(1 + \varepsilon)\kappa_E \cos \kappa_E - \sin \kappa_E\right]} \sin \kappa_E \zeta \cos \eta\tau,$$

$$\varphi(\zeta, \tau) = \left[w(\zeta, \tau) + \left(1 + \frac{\sin \kappa_E}{(1 + \varepsilon)\kappa_E \cos \kappa_E - \sin \kappa_E}\right) \frac{U_0\zeta}{2} \cos \eta\tau\right]. \quad (3.52)$$

Die möglichen Resonanzen sind offensichtlich. Fällt die dimensionslose Erregerkreisfrequenz η mit einer der Eigenwerte λ_{2k} $(k = 1, 2, \ldots, \infty)$ $(3.46)_2$ der sinusförmigen Moden zusammen, wachsen die piezoelektrischen Koppelschwingungen $w(\zeta, \tau), \varphi(\zeta, \tau)$ wegen der nicht berücksichtigten Dämpfung über alle Grenzen[11]. Wird (kleine) Dämpfung einbezogen, werden die Ausschläge vergleichsweise groß, sie bleiben aber endlich. Beim praktischen Betrieb piezoelektrischer Aktoren ist man bei kleinen Anregungssignalen an möglichst großen Antwortamplituden interessiert. Man wird sie deshalb bevorzugt unter Resonanzbedingungen betreiben. Es stellt sich dann jedoch heraus, dass zur genauen Vorhersage dieser Resonanzamplituden Nichtlinearitäten zu berücksichtigen sind, wobei in diesem Zusammenhang physikalische Nichtlinearitäten geometrische deutlich überwiegen. Darauf wird in Abschn. 3.4 noch kurz eingegangen. ∎

Abschließend werden am Beispiel des axial polarisierten Stabwandlers mögliche Ergänzungen und Verallgemeinerungen angesprochen, die insbesondere einen Vergleich zur klassischen Modellierung piezoelektrischer Wandler mit konzentrierten Parametern [1] erlauben [41]. Ein derartiger, jetzt auch verlustbehafteter piezoelektrischer Vierpol als Minimalmodell mit einem mechanischen und einem elektrischen Freiheitsgrad wird dafür an den Anfang gestellt. Beschreibt man ihn in seiner natürlichen Stromquellenschaltung als System mit der Masse M, der Federsteifigkeit c und der Dämpferkonstanten k sowie einem Kondensator (Kapazität C) und einem OHMschen Widerstand R in Parallelschaltung, das durch eine Kraft $f(t)$ und einen aufgeprägten Strom $i(t)$ als Eingangsgrößen beaufschlagt wird, so ist das

---

[11] Weil in (3.45) und (3.46) die korrespondierenden Größen κ und κ_L sich um denselben Faktor $1 + \varepsilon$ unterscheiden, herrscht Resonanz für $\kappa_L = \kappa_{2k}$ und $\eta = \lambda_{2k}$ $(k = 1, 2, \ldots, \infty)$ gleichermaßen.

Prinzip von HAMILTON wieder der geeignete Ausgangspunkt zur Herleitung der Bewegungsgleichungen. Mit den konstitutiven Gleichungen

$$f_C = cx - K\dot{\phi}, \quad q_C = C\dot{\phi} + Kx$$

für den elastischen Kraftanteil f_C in der Piezokeramik und die korrespondierende Ladungsverschiebung q_C können die potenzielle Energie und die elektrische Energie

$$U = \frac{1}{2}f_C x, \quad W_e = \frac{1}{2}q_C\dot{\phi} \tag{3.53}$$

ausgewertet werden:

$$U = \frac{c}{2}x^2 - \frac{1}{2}K\dot{\phi}x, \quad W_e = \frac{C}{2}\dot{\phi}^2 + \frac{1}{2}K\dot{\phi}x. \tag{3.54}$$

Die Größe K ist die so genannte Wandlerkonstante und ϕ bezeichnet den magnetischen Fluss, wobei Fluss ϕ und elektrische Spannung e über $e \equiv \dot{\phi}$ zusammenhängen. Die magnetische Energie W_m ist null, wenn – wie praktisch zutreffend – induktive Anteile vernachlässigbar sind. Kinetische Energie und virtuelle Arbeit ergeben sich einfach zu

$$T = \frac{1}{2}M\dot{x}^2, \quad W_\delta = [f(t) - k\dot{x}]\delta x + \left[i(t) - \frac{\dot{\phi}}{R}\right]\delta\phi. \tag{3.55}$$

Die Auswertung des Prinzips von HAMILTON

$$\delta\int_{t_1}^{t_2}(T - U + W_e - W_m)\,dt + \int_{t_1}^{t_2}W_\delta dt$$

liefert dann direkt die dynamischen Grundgleichungen

$$M\ddot{x} + k\dot{x} + cx - K\dot{\phi} = f(t),$$
$$C\ddot{\phi} + \frac{1}{R}\dot{\phi} + K\dot{x} = i(t) \equiv \dot{q}(t) \tag{3.56}$$

des einfachst denkbaren piezoelektrischen Wandlers mit konzentrierten Parametern. Im verlustfreien Fall $k = 0, R \to \infty$ kann die zweite Gleichung integriert und unter Auflösung nach e in die erste Gleichung eingesetzt werden. Dies liefert dafür ein zu (3.56) äquivalentes Gleichungspaar

$$M\ddot{x} + \left(c + \frac{K^2}{C}\right)x - \frac{K}{C}q = f(t),$$
$$\frac{1}{C}q - \frac{K}{C}x = e(t), \tag{3.57}$$

das als Serienschaltung von Kondensator sowie innerer und äußerer Spannungsquelle zu interpretieren ist. Wird für eine entsprechende Modellbildung im verteilten Fall in Erweiterung des zu Anfang des Abschnitts vorgestellten Strukturmodells ein leitender, viskoelastischer Stab (Stabdaten und Koordinatenwahl wie bisher mit zusätzlicher Materialdämpfung d_i und elektrischer Leitfähigkeit κ) vorausgesetzt, dann ergibt sich für seine Längsschwingungen $w(Z, t)$ die kinetische Energie (3.39). Es gelten die konstitutiven Gl. (3.36) und anstatt $U - W_e$ gemäß (3.53) die elektrische Enthalpie H (3.40). Analog zu (3.53) werden magnetische Potenzialanteile vernachlässigt und es wird eine (3.55)$_2$ entsprechende virtuelle Arbeit

$$W_\delta = \int_{-\ell/2}^{+\ell/2} \left[f(Z,t)\delta w - t_{zz}^{\text{visk}} \delta \varepsilon_{ZZ} - q(Z,t)\delta \varphi - D_z^{\text{leit}} \delta E_z \right] dZ \qquad (3.58)$$

eingeführt. Berücksichtigt werden eingeprägte Volumenkraft $f(Z,t)$, vorgeschriebene Ladungsdichte $q(Z,t)$, die alternativ auch über die Stromdichte $j(Z,t)$ ausgedrückt werden kann und die genannten Verluste. Zu deren Erfassung werden zwei zusätzliche konstitutive Gleichungen

$$t_{zz}^{\text{visk}} = d_i \varepsilon_{zz,t}, \ D_{z,t}^{\text{leit}} = \kappa E_z \qquad (3.59)$$

für den viskosen Spannungsanteil t_{zz}^{visk} und den infolge elektrischer Leitung zusätzlich auftretenden elektrischen Verschiebungsanteil, genauer seine Zeitableitung $D_{z,t}^{\text{leit}}$, benötigt. Damit kann das Prinzip von HAMILTON gemäß (3.25) und (3.26) ausgewertet werden. Man erhält das Randwertproblem

$$\rho_0 w_{,tt} - E_0 w_{,ZZ} - d_i w_{,ZZt} - \gamma_0 \varphi_{,ZZ} = f(Z,t),$$
$$-v_0 \varphi_{,ZZt} - \kappa \varphi_{,ZZ} + \gamma_0 w_{,ZZt} = j(Z,t) \equiv q_{,t}(Z,t), \qquad (3.60)$$

wobei Randbedingungen hier nicht mehr spezifiziert werden sollen. Die zweite Differenzialgleichung in (3.60) kann auch noch bezüglich der Zeit integriert werden, sodass dann als elektrische Eingangsgröße die Ladungsdichte $q(Z, t)$ auftritt. Die Verallgemeinerung gegenüber (3.41)$_{1,2}$ ist offensichtlich. Mittels geeigneter gemischter RITZ-Ansätze

$$w(Z,t) = \sum_{k=1}^{N \to \infty} W_k(Z) r_k(t), \ \varphi(Z,t) = \sum_{k=1}^{M \to \infty} \phi(Z) s_k(t),$$

worin die Formfunktionen $W(Z)$ und $\phi(Z)$ mindestens die wesentlichen Randbedingungen erfüllen müssen, liefert die Variationsformulierung (3.25) eine konsistente modale Reduktion

$$M[\ddot{r}] + D[\dot{r}] + K[r] - W[s] = f(t),$$
$$C[\dot{s}] + G[s] + W^\top[\dot{r}] = i(t) \equiv \dot{q}(t)$$

in Matrizenschreibweise. $M, \ldots, W$ bzw. $f(t), i(t)$ sind entsprechende System-
matrizen bzw. Eingangs«vektoren», und es gilt $r = [r_1, r_2, \ldots, r_N]^\top$, $s = [s_1, s_2, \ldots, s_M]^\top$. In gröbster Näherung $N = M = 1$ gehen die Gleichungen in
die Modellierung (3.56) mit konzentrierten Parametern über. Für einen verlustlosen
Wandler kann dann auch noch eine äquvivalente Spannungsquellenformulierung
angegeben werden.

3.3 Magnetoelastische Schwingungen

Während piezoelektrische Festkörper als dielektrische Medien typische Vertreter
elektromechanischer Mehrfeldsysteme darstellen, bei denen mechanische Felder
mit dem elektrischen Feld gekoppelt sind, sind elektrisch leitende Festkörper magnetoelastische Mehrfeldsysteme, bei denen das magnetische Feld eine dominierende
Rolle spielt [2]. Es wird angenommen, dass der betreffende Festkörper in guter
Näherung durch entsprechende Vorgaben auf der Berandung von den elektromagnetischen Wellen in der Umgebung unabhängig ist. Bei der notwendigen anfänglich
nichtlinearen Formulierung ist eine räumliche Beschreibung mit Bezug auf ein
räumliches Volumen v des Festkörpers üblich. Die MAXWELLschen Gleichungen
in der Form

$$\mathrm{rot}\, \vec{H} = \vec{j}, \; \mathrm{rot}\, \vec{E} = -\vec{B}_{,t}, \; \mathrm{div}\, \vec{B} = 0, \; \vec{B} = \mu_m \vec{H} \qquad (3.61)$$

beschreiben dann die elektromagnetische Feldwirkung, wobei der Verschiebungs-
strom vernachlässigt ist. Desweiteren soll zu keinem Zeitpunkt eine elektrische oder
magnetische Polarisation vorliegen. $\vec{E}(\vec{x}, t)$ und $\vec{H}(\vec{x}, t)$ bezeichnen die Vektoren der
orts- und zeitabhängigen elektrischen und magnetischen Feldstärke, $\vec{B}(\vec{x}, t)$ ist entsprechend die magnetische Flussdichte und $\vec{j}(\vec{x}, t)$ die elektrische Stromdichte. μ_m
bezeichnet die magnetische Permeabilität. Die mechanische Seite wird durch die
Impulsbilanz

$$\mathrm{div}\, \vec{\vec{\sigma}} + \rho_0 \vec{f} + (\vec{j} \times \vec{B}) = \rho_0 \vec{u}_{,tt} \qquad (3.62)$$

mit der LORENTZ-Kraft $(\vec{j} \times \vec{B})(\vec{x}, t)$ neben der mechanischen Massenkraft $\vec{f}(\vec{x}, t)$,
der Spannung $\vec{\vec{\sigma}}(\vec{x}, t)$ und dem Verschiebungsvektor $\vec{u}(\vec{x}, t)$ repräsentiert. Hinzu

kommen als konstitutive Gleichungen das OHMsche Gesetz

$$\vec{j} = \sigma_e(\vec{E} + \vec{u}_{,t} \times \vec{B}) \tag{3.63}$$

mit der elektrischen Leitfähigkeit σ_e und das HOOKEsche Gesetz

$$t_{ij} = 2\mu\varepsilon_{ij} + \lambda\varepsilon_{kk}\delta_{ij} \tag{3.64}$$

die abschließend noch durch die Verzerrungs-Verschiebungs-Relationen (3.1) ergänzt werden. Das Gleichungssystem stellt die Feldgleichungen dynamischer Magnetoelastizität dar und ist noch durch Anfangs- und Randbedingungen zu ergänzen. Häufig wird das zunächst nichtlineare Randwertproblem über

$$\vec{B} = \vec{B}_0 + \vec{b} \;\Rightarrow\; \vec{H} = \vec{H}_0 + \vec{h}$$

mit einer konstanten magnetischen Flussdichte $\vec{B}_0$ (oder magnetischen Feldstärke $\vec{H}_0$) und überlagerten orts- und zeitabhängigen kleinen Störungen $\vec{b}(\vec{x}, t)$ und $\vec{h}(\vec{x}, t)$ linearisiert. Es wird dabei angenommen, dass in Gegenwart dieser konstanten elektromagnetischen Feldwirkung keine mechanische Volumenkraft wirksam ist, sodass gemäß (3.61) keine entsprechenden statischen Anteile $\vec{E}_0$ und $\vec{j}_0$ und gemäß (3.62) auch keine Beiträge $\overset{=}{\sigma}_0$ bzw. $\overset{=}{t}_0$ und $\vec{u}_0$ auftreten. Die Variablen $\vec{E}, \vec{j}, \overset{=}{\sigma} = \overset{=}{t}$ und $\vec{u}$ können deshalb direkt als kleine Größen aufgefasst werden. Es folgt, dass Produkte der Störungen und ihrer Zeitableitungen vernachlässigt werden können, womit das Randwertproblem der klassischen linearen Magnetoelastizität konstituiert ist.

Beispiel 3.3

In Analogie zu der Aufgabenstellung des 1-parametrigen thermoelastischen Koppelproblems einer zweiseitig unendlich ausgedehnten Schicht endlicher Dicke wird hier eine entsprechende elastische Schicht unter Einwirkung eines vorgeschriebenen konstanten Magnetfeldes $[B_0, 0, 0]$ diskutiert. Die Störgrößen sind die Vektorfelder $[0, 0, w(Z, t)]$ mit der korrespondierenden Normalspannung $\sigma_{zz}(Z, t)$ sowie $[b(Z, t), 0, 0]$, $[h(Z, t), 0, 0]$, $[0, e(Z, t), 0]$ und $[0, j(Z, t), 0]$. Lässt man die Angabe von Anfangsbedingungen weg, dann hat man neben den Feldgleichungen

$$(\lambda + 2\mu)w_{,ZZ} - \rho_0 w_{,tt} - \frac{B_0}{\mu_m}b_{,Z} = 0,$$
$$b_{,ZZ} - \mu_m\sigma_e b_{,t} - \mu_m\sigma_e B_0 w_{,Zt} = 0 \tag{3.65}$$

bei Vorgabe des Magnetfeldes auf den Begrenzungsflächen für $t \geq 0$ die Randbedingungen

$$w = 0 \quad \text{oder} \quad (\lambda + 2\mu)w_{,Z} = 0,$$
$$b = 0, \tag{3.66}$$

die das beschreibende linearisierte Randwertproblem repräsentieren. Der Vergleich mit dem in Abschn. 3.1 behandelten Randwertproblem thermoelastischer
Koppelschwingungen zeigt, dass beide Fragestellungen durch qualitativ überein-
stimmende mathematische Moellgleichungen beschrieben werden. Eine erneute
Analyse ist deshalb an dieser Stelle nicht mehr erforderlich. ■

3.4 Physikalische Nichtlinearitäten piezokeramischer Systeme

Piezoelektrische Aktoren werden in der Regel in Resonanz betrieben. Die realisierte
Feldstärke bleibt dabei klein, sodass die für große Feldstärke bekannten nichtlinearen Hystereseeffekte piezoelektrischer Materialien, siehe beispielsweise [9, 11],
nicht relevant sind. Es werden jedoch in Experimenten Beobachtungen gemacht
[3, 37], die auf physikalische Nichtlinearitäten in Form nichtlinearer Spannungs-
Verzerrungs-Relationen und nichtlinearer Dämpfungseinflüsse schließen lassen und
zur ausreichenden Beschreibung der auftretenden Resonanzerscheinungen in die
Rechnung einbezogen werden müssen. Beispielsweise unterscheiden sich in der
Nähe der Eigenkreisfrequenzen einer Piezokeramik die Schwingungsantworten einer elektrischen Anregung bei einem sweep up und einem sweep down erheblich,
wobei auch typische Sprungerscheinungen auftreten. Außerdem sinkt die erreichba-
re normierte Schwingungsamplitude mit steigender Erregerspannung. Im Rahmen
der Theorie des so genannten DUFFING-Schwingers mit degressiver Steifigkeitscha-
rakteristik unter Berücksichtigung nichtlinearer Dämpfung können die auftretenden
Phänomene erklärt werden, sodass es nahe liegt, die elektrische Enthalpie um entsprechende Anteile höherer Ordnung zu ergänzen und auch virtuelle Arbeitsanteile
zur Berücksichtigung nichtlinearer Dämpfungswirkungen hinzuzufügen.

Im Folgenden wird davon ausgegangen, dass die auftretenden elektrischen Felder
hinreichend klein sind, sodass keine irreversiblen, sondern nur reversible Nichtlinearitäten in Erscheinung treten. Zunächst werden nichtlineare Korrekturen der
resultierenden Steifigkeit eingeführt, in einem zweiten Schritt werden dann auch
dissipative Einflüsse diskutiert. Um im Antwortverhalten sowohl Nichtlinearitäten mit quadratischem als auch kubischem Charakter beschreiben zu können, wird

die elektrische Enthalpie axial polarisierter piezoelektrischer Stabwandler aus Abschn. 3.2 um Anteile kubischer und vierter Ordnung ergänzt. Es werden dabei alle möglichen Kombinationen der unabhängigen Größen Verzerrung und elektrische Feldstärke berücksichtigt. An die Stelle der quadratischen Enthalpiedichte (3.38) tritt demnach jetzt

$$
\begin{aligned}
H^* = {} & \frac{1}{2}E_0\varepsilon_{zz}^2 - \gamma_0\varepsilon_{zz}E_z - \frac{1}{2}v_0 E_z^2 \\
& + \frac{1}{3}E_1\varepsilon_{zz}^3 - \frac{1}{2}\gamma_{11}\varepsilon_{zz}^2 E_z - \frac{1}{2}\gamma_{12}\varepsilon_{zz}E_z^2 - \frac{1}{3}v_1 E_z^3 \\
& + \frac{1}{4}E_2\varepsilon_{zz}^4 - \frac{1}{3}\gamma_{21}\varepsilon_{zz}^3 E_z - \frac{1}{2}\gamma_{22}\varepsilon_{zz}^2 E_z^2 - \frac{1}{3}\gamma_{23}\varepsilon_{zz}E_z^3 - \frac{1}{4}v_2 E_z^4.
\end{aligned}
\tag{3.67}
$$

Hierin bezeichnen E_1, E_2 Parameter elastischer Nichtlinearitäten, γ_{11} bis γ_{23} solche piezoelektrischer Nichtlinearitäten und v_1, v_2 jene nichtlinearer dielektrischer Anteile. Unter Verwendung der Gl. (3.28) erhält man daraus die nichtlinearen konstitutiven Gleichungen

$$
\begin{aligned}
D_z = {} & \gamma_0\varepsilon_{zz} + v_0 E_z + \frac{1}{2}\gamma_{11}\varepsilon_{zz}^2 + \gamma_{12}\varepsilon_{zz}E_z + v_1 E_z^2 \\
& + \frac{1}{3}\gamma_{21}\varepsilon_{zz}^3 + \gamma_{22}\varepsilon_{zz}^2 E_z + \gamma_{23}\varepsilon_{zz}E_z^2 + v_2 E_z^3,
\end{aligned}
$$

$$
\begin{aligned}
t_{zz} = {} & E_0\varepsilon_{zz} - \gamma_0 E_z + E_1\varepsilon_{zz}^2 - \gamma_{11}\varepsilon_{zz}E_z - \frac{1}{2}\gamma_{12}E_z^2 \\
& + E_2\varepsilon_{zz}^3 - \gamma_{21}\varepsilon_{zz}^2 E_z - \gamma_{22}\varepsilon_{zz}E_z^2 - \frac{1}{3}\gamma_{23}E_z^3,
\end{aligned}
$$

zunächst noch ohne jeden Dämpfungsanteil. Dissipative Wirkungen werden jetzt hinzugefügt, hier ebenfalls für den piezoelektrischen Stabwandler aus Abschn. 3.2 über eine direkte Formulierung entsprechender virtueller Arbeitsanteile:

$$
\begin{aligned}
W_\delta = {} & -\rho_0 A \int_{-\ell/2}^{+\ell/2}\left[E_0^{\mathrm{d}}\varepsilon_{zz,t} - \gamma_0^{\mathrm{d}}E_{z,t} + E_1^{\mathrm{d}}\left(\varepsilon_{zz}^2\right)_{,t} - \gamma_{11}^{\mathrm{d}}\left(\varepsilon_{zz}E_z\right)_{,t} - \frac{1}{2}\gamma_{12}^{\mathrm{d}}\left(E_z^2\right)_{,t} \right. \\
& \left. + E_2^{\mathrm{d}}\left(\varepsilon_{zz}^3\right)_{,t} - \gamma_{21}^{\mathrm{d}}\left(\varepsilon_{zz}^2 E_z\right)_{,t} - \gamma_{22}^{\mathrm{d}}\left(\varepsilon_{zz}E_z^2\right)_{,t} - \frac{1}{3}\gamma_{23}^{\mathrm{d}}\left(E_z^3\right)_{,t} \right]\delta\varepsilon_{zz}\mathrm{d}Z \\
& - \rho_0 A \int_{-\ell/2}^{+\ell/2}\left[\gamma_0^{\mathrm{d}}\varepsilon_{zz,t} + v_0^{\mathrm{d}}E_{z,t} + \frac{1}{2}\gamma_{11}^{\mathrm{d}}\left(\varepsilon_{zz}^2\right)_{,t} + \gamma_{12}^{\mathrm{d}}\left(\varepsilon_{zz}E_z\right)_{,t} + v_1^{\mathrm{d}}\left(E_z^2\right)_{,t} \right. \\
& \left. + \frac{1}{3}\gamma_{21}^{\mathrm{d}}\left(\varepsilon_{zz}^3\right)_{,t} + \gamma_{22}^{\mathrm{d}}\left(\varepsilon_{zz}^2 E_z\right)_{,t} + \gamma_{23}^{\mathrm{d}}\left(\varepsilon_{zz}E_z^2\right)_{,t} + v_2^{\mathrm{d}}\left(E_z^3\right)_{,t} \right]\delta E_z\mathrm{d}Z.
\end{aligned}
\tag{3.68}
$$

Die Angabe von nichtlinearen Einflüssen ist hier ingenieurmäßig und pragmatisch erfolgt. Bei den Dämpfungsnichtlinearitäten wurde viskoelastisches Verhalten auf entsprechende piezoelektrische und dielektrische Terme übertragen. Die Vorgehensweise lässt sich rechtfertigen, indem nachträglich die thermodynamische Konsistenz plausibel gemacht wird. Die notwendigen Forderungen sind positive Definitheit der elektrischen Enthalpie und die Erfüllung des zweiten Hauptsatzes der Thermodynamik bzw. der CLAUSIUS-DUHEM-Ungleichung. Die in [37] abgeleiteten notwendigen Größenverhältnisse der Materialparameter sind in der Praxis entweder in natürlicher Weise erfüllt oder lassen sich einfach einhalten, sodass hier nicht näher darauf eingegangen werden soll.

Nach Bereitstellung der kinetischen Energie – eventuell unter Berücksichtigung der Querträgheit – kann das beschreibende nichtlineare Randwertproblem hergeleitet werden. In allgemeiner Form soll dies hier unterbleiben.

Beispiel 3.4

Der Untersuchung in [37] im Wesentlichen folgend, wird hier wieder die Aktorfunktion für den Stabwandler gemäß Abb. 3.2 in den Vordergrund gestellt. Er soll wieder durch eine harmonische Wechselspannung an den Stirnflächen erregt werden und von den diskutierten Nichtlinearitäten sollen allein jene berücksichtigt werden, die auf kubische Anteile in den Bewegungsgleichungen führen. Nach entsprechender Auswertung erhält man mit dem Übergang auf die Verschiebung w und elektrostatisches Potenzial φ die nichtlinearen Feldgleichungen

$$\rho_0 w_{,tt} - E_0^d w_{,tZZ} - \gamma_0^d \varphi_{,tZZ} - E_0 w_{,ZZ} - \gamma_0 \varphi_{,ZZ}$$

$$-E_2^d \left(w_{,Z}^3\right)_{,tZ} - \gamma_{21}^d \left(w_{,Z}^2 \varphi_{,Z}\right)_{,tZ} + \gamma_{22}^d \left(w_{,Z} \varphi_{,Z}^2\right)_{,tZ} - \frac{1}{3}\gamma_{23}^d \left(\varphi_{,Z}^3\right)_{,tZ}$$

$$-E_2 \left(w_{,Z}^3\right)_{,Z} - \gamma_{21} \left(w_{,Z}^2 \varphi_{,Z}\right)_{,Z} + \gamma_{22} \left(w_{,Z} \varphi_{,Z}^2\right)_{,Z} - \frac{1}{3}\gamma_{23} \left(\varphi_{,Z}^3\right)_{,Z} = 0,$$

$$+\gamma_0^d w_{,tZZ} - v_0^d \varphi_{,tZZ} + \gamma_0 w_{,ZZ} - v_0 \varphi_{,ZZ} \quad (3.69)$$

$$-\frac{1}{3}\gamma_{21}^d \left(w_{,Z}^3\right)_{,tZ} + \gamma_{22}^d \left(w_{,Z}^2 \varphi_{,Z}\right)_{,tZ} - \gamma_{23}^d \left(w_{,Z} \varphi_{,Z}^2\right)_{,tZ} + v_2^d \left(\varphi_{,Z}^3\right)_{,tZ}$$

$$-\frac{1}{3}\gamma_{21} \left(w_{,Z}^3\right)_{,Z} + \gamma_{22} \left(w_{,Z}^2 \varphi_{,Z}\right)_{,Z} - \gamma_{23} \left(w_{,Z} \varphi_{,Z}^2\right)_{,Z} + v_2 \left(\varphi_{,Z}^3\right)_{,Z} = 0$$

und nichtlineare Randbedingungen

$$\left[E_0 w_{,Z} + E_0^d w_{,tZ} + \gamma_0 \varphi_{,Z} + \gamma_0^d \varphi_{,tZ} + E_2 w_{,Z}^3 + \gamma_{21} w_{,Z}^2 \varphi_{,Z} - \gamma_{22} w_{,Z} \varphi_{,Z}^2\right.$$

$$+\frac{1}{3}\gamma_{23}\varphi_{,Z}^3 + E_2^d \left(w_{,Z}^3\right)_{,t} + \gamma_{21}^d \left(w_{,Z}^2 \varphi_{,Z}\right)_{,t} - \gamma_{22} \left(w_{,Z} \varphi_{,Z}^2\right)_{,t}$$

$$\left. + \frac{1}{3}\gamma_{23}^d \left(\varphi_{,Z}^3\right)_{,t}\right]_{(-\ell/2,t)} = 0,$$

$$\left[E_0 w_{,Z} + E_0^{\mathrm{d}} w_{,tZ} + \gamma_0 \varphi_{,Z} + \gamma_0^{\mathrm{d}} \varphi_{,tZ} + E_2 w_{,Z}^3 + \gamma_{21} w_{,Z}^2 \varphi_{,Z} - \gamma_{22} w_{,Z} \varphi_{,Z}^2 \right.$$

$$+ \frac{1}{3} \gamma_{23} \varphi_{,Z}^3 + E_2^{\mathrm{d}} \left(w_{,Z}^3 \right)_{,t} + \gamma_{21}^{\mathrm{d}} \left(w_{,Z}^2 \varphi_{,Z} \right)_{,t} - \gamma_{22} \left(w_{,Z} \varphi_{,Z}^2 \right)_{,t}$$

$$\left. + \frac{1}{3} \gamma_{23}^{\mathrm{d}} \left(\varphi_{,Z}^3 \right)_{,t} \right]_{(+\ell/2,t)} = 0,$$

$$\varphi\left(-\ell/2, t\right) := -\frac{U_0}{2} \cos \Omega t, \quad \varphi\left(+\ell/2, t\right) = +\frac{U_0}{2} \cos \Omega t \quad \forall t \geq 0. \qquad (3.70)$$

Eine strenge Lösung ist aussichtslos. Wie schon häufig erscheint auch im vorliegenden Fall ein gemischter RITZ-Ansatz erfolgversprechend, das erhaltene Randwertproblem in einem ersten Schritt auf gewöhnliche Differenzialgleichungen zurückzuführen. Wegen der inhomogenen Randbedingungen in (3.70) ist dieser zweckmäßig in der speziellen Form

$$w(Z, t) = \sum_{k=1}^{N \to \infty} W_k(Z) T_k(t), \quad \varphi(Z, t) = \sum_{k=1}^{N \to \infty} \phi_k(Z) T_k(t) + \frac{U_0 Z}{\ell} \cos \Omega t$$

$$(3.71)$$

zu verwenden, wobei die W_k und ϕ_k $(k = 1, 2, \ldots, N \to \infty)$ die vorab berechneten Eigenfunktionen des zugehörigen linearen und ungedämpften Systems sind. Nimmt man in gröbster Näherung einen 1-gliedrigen Ansatz (3.71) mit einer jeweils herausgegriffenen Eigenfunktion W_k, ϕ_k zur Berechnung der Schwingungsantwort nahe der Resonanz $\Omega = \omega_k$ und verarbeitet ihn im Prinzip von HAMILTON, dann erhält man unter Berücksichtigung der geltenden Orthogonalitätsbeziehungen eine nichtlineare gewöhnliche Differenzialgleichung von der Bauart

$$m_k \ddot{T}_k + d_k \dot{T}_k + c_k T_k + \varepsilon_k T_k^3 + \varepsilon_k^{\mathrm{d}} T_k^2 \dot{T}_k$$

$$= f_k(\Omega) \cos \Omega t + f_k^{\mathrm{d}}(\Omega) \Omega \sin \Omega t + g_{k0} \cos^3 \Omega t + g_{k0}^{\mathrm{d}} \Omega \sin \Omega t \cos^2 \Omega t$$

$$+ \text{nichtlineare Parametererregung,}$$

deren Koeffizienten hier nicht mehr angegeben werden sollen, siehe [37]. Ein Vergleich der mittels Störungsrechnung bestimmten und auf die elektrische Anregungsamplitude bezogenen Verschiebungsamplitude in der Nähe der tiefsten Resonanz mit dem Experiment aus [37] ist in Abb. 3.3 dargestellt. Die vom DUFFING-Schwinger mit degressiver Kennlinie bekannten Sprungphänomene bei höherer Anregungsamplitude und die damit einhergehende Verschiebung der

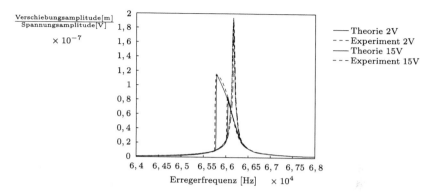

Abb. 3.3 Schwingungsantwort nahe der tiefsten Resonanz [37]

Resonanz zu kleineren Frequenzen sind deutlich zu erkennen. Die abnehmende maximale Antwortamplitude kann durch die einbezogene Dämpfung und die komplizierte Anregung ebenfalls sehr gut modelliert werden. ∎

Mit den bereitgestellten Grundlagen können auch Fragestellungen zu piezoelektrischen Stapelwandlern oder geschichteten Biegewandlern verstanden werden. Werden magnetische anstatt elektrischer Feldgrößen mit mechanischen Spannungen, Verzerrungen und Verschiebungen verknüpft, kann man auf der Basis qualitativ weitgehend unveränderter Betrachtungen auch die Dynamik piezomagnetischer (magnetostriktiver) Mehrfeldsysteme studieren.

Was Sie aus diesem Essential mitnehmen können

- Eine Erweiterung des klassischen Fachgebietes Kontinuumsschwingungen auf Mehrfeldsysteme
- Verständnis und Rechentechnik für Mehrfeldsysteme mit Oberflächen- und Volumenkopplung
- Ergebnisse und Phänomene zur Fluid–Festkörper–Wechselwirkung sowie zu thermoelastischen, piezoelektrischen und magnetoelastischen Koppelschwingungen
- Einen Einblick auf interdisziplinäre dynamische Systeme der Physik mit verteilten Parametern

© Springer Fachmedien Wiesbaden 2014
J. Wauer, *Dynamik verteilter Mehrfeldsysteme*, essentials,
DOI 10.1007/978-3-658-05691-9

Literatur

1. Crandall, S. H., Karnopp, D. C., Kurtz Jr., E. F., & Pridemore-Brown, D. C. (1968). *Dynamics of mechanical and electromechanical systems.* New York: McGraw Hill.
2. Eringen, A. C., & Maugin, G. (2005). *Electrodynamics of continua I.* Berlin: Springer. (1990).
3. Gausmann, R. (2005). *Nichtlineares dynamisches Verhalten von piezoelektrischen Stabaktoren bei schwachem elektrischen Feld.* Diss. Univ. Karlsruhe (TH). Göttingen: Cuvillier.
4. Goldstein, H., Poole, C.P., & Safko, J. L. (2002). *Classical mechanics* (3rd ed.). Boston: Edison-Wesley.
5. Gross, D., Hauger, W., Schnell, W., & Wriggers, P. (1993). *Technische mechanik* (Bd. 4.). Berlin: Springer.
6. Guyader, J.-L. (2002). *Vibrations des milieux continus.* Paris: Hermes.
7. Hagedorn, P., & DasGupta, A. (2007). *Vibrations and waves in continuous mechanical systems.* Chichester: Wiley.
8. Ikeda, T. (1990). *Fundamentals of piezoelectricity.* Oxford University Press.
9. Kamlah, M. (2001). Ferroelectric and Ferroelastic Piezoceramics – Modeling of Electromechanical Hysteresis Phenomena. *Continuum Mechanics and Thermodynamics, 13*(4), 219–268.
10. Kirchgässner, K. (1961). Die Instabilität der Strömung zwischen zwei rotierenden Zylindern gegenüber Taylorwirbeln für beliebige Spaltbreiten. *Zeitschrift für angewandte Mathematik und Physik ZAMP, 12*(1), 14–30.
11. Klinkel, S. (2007). *Nichtlineare Modellierung ferroelektrischer Keramiken und piezoelektrischer Strukturen – Analyse und Finite-Element-Formulierung*, Habilitationsschrift Univ. Karlsruhe (TH), Berichte des Instituts für Baustatik.
12. Lord, H. W., & Shulman, Y. (1967). A generalized dynamical theory of thermoelasticity. *Journal of the Mechanics and Physics of Solids, 15*(5), 299–309.
13. Massalas, C. V., Anagnostaki, E., & Kalpakidis, V. K. (1985). Some considerations on the coupled thermoelastic problems. *International Journal of Engineering Science, 23*(6), 41–47.
14. Mehl, V., & Wauer, J. (1995). Flow instability between coaxial rotating cylinders with flexible support. In: A. Guran, & and D. J. Inman (Eds.), *Stability, vibration and control of structures* (Vol. 1, pp. 280–291). Singapore: World Scientific Publ.

© Springer Fachmedien Wiesbaden 2014
J. Wauer, *Dynamik verteilter Mehrfeldsysteme, essentials,*
DOI 10.1007/978-3-658-05691-9

15. Mehl, V. (1996). *Stabilitätsverhalten eines elastisch gelagerten Rotors bei Berücksichtigung der Fluid-Festkörper-Wechselwirkung*. Diss. Univ. Karlsruhe (TH), Fortschr.-Ber. VDI, Reihe 11, Nr. 239, VDI, Düsseldorf.

16. Morand, H. J. -P., & Ohayon, R. (1995). *Fluid structure interaction: Applied numerical methods*. Chichester: Wiley.

17. Morse, P. H., & Ingard, K. U. (1968). *Theoretical acoustics*. New York: McGraw-Hill.

18. Noll, W. (1957). On the foundations of the mechanics of continua. *Carnegie Inst. Tech. Rep. 17*.

19. Nowacki, W. (1986). *Thermoelasticity* (2nd ed.) Warszawa: Polish Sci. Publ.

20. Qhayon, R. (2004). Fluid-structure interaction problems. In: E. Stein, R. de Borst, & J. R. Hughes (Eds.), *Encyclopedia of computational mechanics, Volume 2: Solids and Structures* (683–693). New York: Wiley.

21. Païdoussis, M. P. (1998). *Fluid-structure interactions: Slender structures and axial flow* (Vol. 1). London: Academic Press.

22. Païdoussis, M. P. (2004). *Fluid-structure interactions: Slender structures in axial flow* (Vol. 2). London: Academic Press.

23. Pinkus, O., & Sternlicht, B. (1961). *Theory of hydrodynamic lubrication*. New York: McGraw-Hill.

24. Riemer, M. (1993). *Technische Kontinuumsmechanik*. Zürich: BI–Wiss.–Verl.

25. Riemer, M., Wauer, J., & Wedig, W. (2014). *Mathematische methoden der Technischen Mechanik* (2. Aufl.) Wiesbaden: Springer–Vieweg.

26. Rivlin, R. S. (1970). Nonlinear Continuum Theories in Mechanics and Physics and their Applications. *An Introduction to Nonlinear Continuum Mechanics*. (151–309). Rom: Springer.

27. Schweizer, B. (2002). *Magnetohydrodynamische Schmierspaltströmung bei unendlich schmaler Lagergeometrie*, Diss. Univ. Karlsruhe (TH). http://digbib.ubka.uni-karlsruhe.de/volltexte/1952002.

28. Seemann, W., & Wauer, J. (1995). Vibrating cylinder in a cylindrical duct filled with an incompressible fluid of low viscosity. *Acta Mechanica, 113*, 93–107.

29. Seemann, W., & Wauer, J. (1996). Fluid-structural coupling of vibrating bodies in a surrounding confined liquid. *Zeitschrift für Angewandte Mathematik und Mechanik, 76*, 67–79.

30. Seyranian, A. P., & Mailybaev, A. A. (2003). *Multiparameter stability theory with mechanical applications*. London: World Scientific.

31. Taylor, G. I. (1923). Stability of a viscous liquid contained between two rotating cylinders. *Philosophical Transactions of the Royal Society of London, Series A, 223*, 289–343.

32. Tiersten, H. F. (1969). *Linear piezoelectric plate vibrations*. New York: Plenum Press.

33. Truesdell, C. A., & Noll, W. (1965). The nonlinear field theories of mechanics. In S. Flügge (Ed.), *Handbuch der Physik* Bd. III/3. Berlin: Springer.

34. Tron-Cong, T. (1996). A variational principle of fluid mechanics. *Archive of Applied Mechanics, 67*, 96–104.

35. Truesdell, C. A., & Toupin, R. A. (1960). The classical field theories. In S. Flügge (Ed.), *Handbuch der Physik* (Bd. III/1). Berlin: Springer.

36. Truesdell, C. A. (1965). *The elements of continuum mechanics*. Berlin: Springer.

37. von Wagner, U. (2003). Nichtlineare Effekte bei Piezokeramiken unter schwachem elektrischem Feld: Experimentelle Untersuchung und Modellbildung. Habilitationsschrift TU Darmstadt, Herdecke, GCA-Verlag.
38. Waltersberger, B. (2007). Strukturdynamik mit ein- und zweiseitigen Bindungen aufgrund reibungsbehafteter Kontakte. Diss. Univ. Karlsruhe (TH), Universitätsverlag, Karlsruhe.
39. Wauer, J. (1990). Modalanalysis für das 1-dimensionale Thermoschockproblem einer elastischen Schicht endlicher Dicke. *Zeitschrift für Angewandte Mathematik und Mechanik, 70*, T70–T71.
40. Wauer, J. (1996). Free and forced magneto-thermo-elastic vibrations in a conducting plate layer. *Thermal Stresses 19*, 671–691.
41. Wauer, J. (1997). Zur Modellierung piezoelektrischer Wandler mit verteilten Parametern. *Zeitschrift für Angewandte Mathematik und Mechanik, 77*, 365–366.
42. Wauer, J. (2000). Nonlinear waves in a fluid-filled planar duct with a flexible wall. In N. Van Dao & E. Kreuzer (Eds.), *Proceedings of IUTAM symposium on recent developments in non-linear oscillations of mechanical systems* (pp. 321–332). Dordrecht: Kluwer.
43. Wauer, J. (2014). *Kontinuumsschwingungen* (2. Aufl). Wiesbaden: Springer–Vieweg.
44. Weidenhammer, F. (1975). Eigenfrequenzen eines Stabes in zylindrisch berandetem Luftraum. *Zeitschrift für Angewandte Mathematik und Mechanik, 55*, T187–T190.
45. Wilms, E. V., & Cohen, H. (1985). Some one-dimensional problems in coupled thermoelasticity. *Mechanics Research Communication, 12*, 41–47.
46. Wolf, K. D. (2000). Electromechanical energy conversion in asymmetric piezoelectric bending actuators. Dissertation, TU Darmstadt.

Sachverzeichnis

A

Added-mass-Effekt, 24
Anfangsbedingung, 42, 43, 46, 62
Anfangs-Randwert-Problem, 43
Anregung, 44, 56, 63, 67
Ansatz, 14, 19, 28, 45
   (gemischter) RITZ-Ansatz, 47, 50, 60, 66
   gleichfrequenter, 47, 57
   Lösungsansatz, 33, 44, 47
   Produktansatz, 18, 22, 27, 36, 56
Arbeit, virtuelle, 17, 50, 51, 54, 59, 60, 64

B

BERNOULLI-Gleichung, 15, 27
Berandung
   schallharte, 12
   schallweich, 12
Beschleunigung, 13, 14
Beschreibung (Darstellung), 7
   Feldbeschreibung, räumliche, EULERSCHE, 9, 14, 61
   materielle, LAGRANGESCHE, 9
Bettung, elastische, 7, 21, 27, 38
Bewegungs(differenzial)gleichung, 4, 7, 11, 13, 14, 21, 27, 36, 59, 65
Bilanzgleichung, 40

C

COUETTE-Strömung, 33

D

Dämpfung, 3, 6, 47, 58, 63
(Dehn)Steifigkeit, 3, 16, 29, 38, 63
Differenzialgleichung(en), 19, 22, 27, 28, 37, 45, 57, 60
   gewöhnliche, 21, 30, 46, 66
Dispersionsgleichung, 13, 37, 45, 46, 56
Druck(störung), 7ff.
DUFFING-Schwinger, 63, 66
DUHAMEL-NEUMANN-Gesetz, 41

E

Eigenfunktion, Eigenform (Mode), 6, 45, 57, 66
Eigenkreisfrequenz, 6, 25, 26, 28, 63
Eigenwert, 18, 19, 23, 25, 45, 46, 57, 58
   -gleichung, 19, 22, 37, 46
   -problem, 5, 18, 19, 22, 28, 36, 56
   -spektrum, 23, 24
Einheitssprungfunktion, 43
Energie(dichte), 49 f.
   innere, 49
   kinetische, 10, 11, 17, 50, 51, 54, 59, 60, 65

© Springer Fachmedien Wiesbaden 2014
J. Wauer, *Dynamik verteilter Mehrfeldsysteme, essentials,*
DOI 10.1007/978-3-658-05691-9

Energiebilanz, 39, 41
Enthalpie(dichte), elektrische, 51, 52, 54,
    60, 63 ff.
Entropie(gleichung), 12, 39, 41, 49
Erregerkreisfrequenz, 58
EULER-Gleichung, 8 ff., 15

F

FARADAYSCHES Gesetz, 52
Feldgleichung(en), 5, 15, 18, 20, 39, 40, 42,
    48, 50, 55, 62
    nichtlineare, 65
Feldstärke, 63
    elektrische, 51, 52, 61, 64
    magnetische, 61, 62
Fluid, NEWTONSCHES, 1, 12
    ideales, reibungsfreies, 7, 8, 11 ff.
    inkompressibles, 16 f., 27
    kompressibles, 1, 7, 16
    reibungsbehaftetes, zähes, 13 ff.
    ruhendes, 7
    Schwingungen, 7 ff.
    strömendes, 28 f.
Fluid-Festkörper(Struktur)-
    Wechselwirkung, 16 ff.
    in rotierenden Systemen, 29 ff.
Flussdichte, magnetische, 61
FOURIERSCHES Gesetz, 41, 42, 49
Formfunktion, 60

G

GAUSSSCHER Integralsatz, 12
GAUSSSCHES Gesetz, 52
Geschwindigkeit, 8 f.
    Fluidteilchengeschwindigkeit, 7
    Phasengeschwindigkeit, 8, 10
    Schallgeschwindigkeit, 7, 8, 17, 18,
        21, 26
    Strömungsgeschwindigkeit, 14, 26 ff.
Geschwindigkeitspotenzial, 10, 12 ff., 27, 30
Gleichung(en), 1
    BERNOULLI-Gleichung, 15, 27

Bilanzgleichung, 40
Bewegungsgleichung, 4, 7, 11, 13, 14,
    21, 27, 36, 59, 65
Differenzialgleichung, 19, 22, 27, 28,
    37, 45, 57, 60
EULER-Gleichung, 8 ff., 15
Feldgleichung, 5, 15, 18, 20, 39, 40, 42,
    48, 50, 55, 62
konstitutive, 8, 12, 41, 42, 50, 59 ff.
Kontinuitätsgleichung, 9 f.
LAPLACE-Gleichung, 15, 27
MAXWELL-Gleichung, 52, 61
NAVIER-STOKES-Gleichung, 12, 13, 30
Wellengleichung, 9 f.
GOUGH-JOULE-Effekt, 40

H

HOOKESCHES Gesetz, 1, 41, 62

I

Impulsbilanz, 14, 39, 41, 55, 61
    räumliche, 8, 12
Instabilität, 28, 38

K

Kontinuitätsgleichung, 9 f.
Koordinate(n), 40
    EULER-Koordinate, 7, 10, 14, 27
    LAGRANGE-Koordinate, materielle, 10,
        40
    Ortskoordinaten, 18, 55

L

LAGRANGE-D'ALEMBERT-Prinzip, 49
LAMÉSCHE Konstanten, 42
LAPLACE-Gleichung, 15, 27
LEGENDRE-Transformation, 52
Lösung, 5, 19, 20, 22, 25, 28, 32, 37, 44 ff.,
    50, 56, 66
    Partikulärlösung, 57
LORENTZ-Kraft, 61

M

Massenkraft, 61
Material, 39
  piezoelektrisches, 50, 63
  thermoelastisches, 39
Materialgesetz, 8, 11, 41, 50
MAXWELLSCHE Gleichung(en), 52, 61
Mehrfeldsystem, 1, 43, 55
  elektromechanisches, 61
  magnetoelastisches, 61
  mechanisches, 3
  mit Oberflächenkopplung, 3 ff.
  mit Volumenkopplung, 39 ff.
Membran, 27 ff.
Modalentwicklung, 46

N

NAVIER-STOKES-Gleichung, 12, 13, 30
Nichtlinearität(en), 2, 58
  Dämpfungsnichtlinearität, 64
  dielektrische, 64
  elastische, 64
  physikalische, 2, 39, 63
  piezoelektrische, 64

O

OHMSCHES Gesetz, 62

P

Piezoeffekt, 50
  direkter, 50
  inverser, 50
Prinzip, 4, 49
  der virtuellen Temperatur, 49
  LAGRANGE-D'ALEMBERT-Prinzip, 49
  von HAMILTON, 4, 7, 10 ff., 17, 48, 51
    ff., 59, 60, 66

Q

Querträgheit, 54, 65

R

Randbedingung(en), 4, 5, 11, 12, 19, 22, 28,
    37, 48, 52, 54 ff., 63
  homogene, 15, 46
  inhomogene, 42 ff., 58
  nichtlineare, 65
Randwertproblem, 3, 4, 7, 10, 17, 18, 21, 22,
    25, 27, 28, 31 ff., 44, 54, 60, 62, 65
Resonanz, 5, 38, 45, 52
RITZ-Ansatz, 47, 50, 60, 66
  gemischter, 60, 66
Rohr, durchströmtes, 14, 27, 28

S

Scheinresonanz, 48
Schnelle, 7, 9
Schwingungen, 1
  erzwungene, Zwangsschwingung, 4, 6,
    48, 58
  Fluidschwingung, 3, 7 ff.
  Fluid-Struktur-Schwingung, 2,
  Koppelschwingung, 1, 23
  magnetoelastische, 61 f.
  thermoelastische, 39 ff., 48
Spannung(en), 11, 39, 42, 61
  elektrische, 54, 57, 59
  mechanische, 51
  Normalspannung, 53
  Schubspannung, 8, 31, 53
Spannungstensor, 8
  CAUCHYSCHER, 8
Stabwandler, 52 ff.
Stabilitätsproblem, 29, 36
Stromdichte, elektrische, 61
System, 3
  mechanisches, 3 ff.
  Mehrfeldsystem, 3, 39
  Zweifeldsystem, 3, 4, 6, 7, 16, 26, 41, 48

T

TAYLOR-Wirbel, 36, 38
Temperaturabweichung bzw.
  -änderung, 40, 43

U

Übergangsbedingung, 5, 6, 17, 18, 20, 22,
    25, 27, 31, 36

V

Variationsgleichungen, 34
Verschiebungsdichte, (di)elektrische, 51 f.
Verzerrungs-Verschiebungs- bzw.
    -Verformungs-Relationen, 41, 42, 49,
    51, 62, 63
Vierpol, piezoelektrischer, 58
Volumenkraft, 8, 15, 60, 62

W

Wandler, piezoelektrischer, 39, 50 ff.
Wandlerkonstante, 59
Wellengleichung, 9 f.
Wellenleiter, 26
Wellenzahl, 14, 25, 28, 35 ff.

Z

Zustandsänderung, 12
    adiabatische, 8, 12
    isotherme, 8
Zustandsgleichung, 8 ff.